你是來帶人，不是幫部屬做事

少給建議，問對問題，運用教練式領導打造高績效團隊

【暢銷紀念版】

The Coaching Habit：
Say Less, Ask More & Change the Way You Lead Forever

麥可・邦吉・史戴尼爾（Michael Bungay Stanier）◎著
林宜萱◎譯

高寶書版集團

各界推薦

麥可・邦吉・史戴尼爾在七個核心問題中注入教練本質，如果能精通這些簡單但深奧的技術，你會得到兩種好處：你可以提供員工與同事更有效的支持，而且會發現自己已經成為一個教練！

——丹尼爾・品克（Daniel H. Pink）

《未來在等待的銷售人才》、《動機，單純的力量》作者

教練式領導是一種藝術，而且說比做容易。只是提出問題，而不是提供建議、給出答案或解決方案，這需要勇氣。給其他人機會去找出自己的路、犯個錯，然後累積智慧，這樣的做法很勇敢，也非常脆弱。這代表我們要放掉「試

圖修復一切」的習慣。在這本實用又具啟發性的書中，麥可分享七個可以改造別人的問題，讓我們能以有別於以往的方式領導，並對其他人提供支持，還可以透過技巧引領我們接受這些新資訊，並將它變成日常習慣與管理的一部分。

——布芮尼・布朗（Brené Brown）
《勇氣的力量》作者

如何成為一個更好的領導人？麥可提供七大關鍵問題來回答，這七個問題可以改變領導人的領導習慣。這本書充滿實用、實務、有趣的問題、想法與工具，為所有想成為更好領導人的讀者指引方向。

——戴夫・尤瑞奇（Dave Ulrich）
《尤瑞奇樂於工作的七大祕密》共同作者

麥可聰明、機智、表達清楚，而且致力於發展領導式教練技巧，這些優點完全體現在這本精彩的工具書中，對每個需要協助其他人的讀者來說都很適合閱讀。即使我在這個領域已經有四十年的經驗，對我來說這本書還是非常棒的重點提醒。

——大衛・艾倫（David Allen）
《搞定！工作效率大師教你事情再多照樣做好的搞定5步驟》作者

談論教練式領導技巧的眾多書籍中，多半都是以同一套被濫用的陳舊觀念架構在談這件事。現在終於看到一絲希望的曙光了！本書充滿實用智慧的寶藏，不斷努力幫助每個經理人轉型為教練，並將此拆解為簡單的日常習慣，無時無刻都可以實行。如果你準備要將自己的領導能力升級到更高的境界，你絕對需要這本書。

——潔西卡・愛默塔吉（Jessica Amortegui）
領英資深總監、前羅技資深學習發展總監

市面上有許多討論教練式領導的書，人們最後都只讀了一半就束之高閣。麥可・邦吉・史戴尼爾這本書會讓你從頭投入到尾。這本書讀起來很輕鬆，但充滿大膽、直接、實際的建議，可以改變你跟同事、親人溝通的方式。如果你想要讀一本可以很快引起共鳴，而不會嚇壞人的教練式領導書，就選這一本。

——喬安娜・麥納利・梅爾（Johanne McNally Myers）
前 Tim Hortons 快餐連鎖店人力資源副總裁

這不只是一本書，也是你腦中的聲音、坐在你肩膀上的人，這本書會指引你邁向卓越。成為一個卓越的教練不只要擁有技巧，這是一種心態、做人的方法。麥可用了相當棒的方法，透過說故事、實際案例以及實證有效的技巧傳遞這些訊息。想要真正產生影響的教練們，請務必閱讀此書。

——希妮德・康頓（Sinéad Condon）
前CA科技全球績效促進主管

市面上已經有許多書籍、研究與專欄文章討論教練式領導的重要性，以及如何妥善執行這個非常重要的作為。我們也不難了解，為什麼學習這門藝術的學生及實行者會感覺困惑、或被一大堆所謂「正統」方法、架構與系統給淹沒。麥可・邦吉・史戴尼爾的新書破除這些困惑，他使用一個簡單易懂、意圖實際、最終可以有效應用的方法。我相信這本書會成為專業教練、學習教練式領導的人與經理人一個極有威力且有用的工具。

——史托克・克雷伯（Stuart Crabb）

紀源資本顧問／教練、前 Facebook 學習發展總監

這本書有趣、聰明、實用、容易記憶，並以現代行為科學為基礎。我發現它對我的工作以及與其他人的協作都非常有價值。

——詹姆士・史雷札克（James Slezak）

前《紐約時報》策略執行總監

有些人會把教練的目的與作法過度複雜化，不過麥可・邦吉・史戴尼爾對這個卓越領導人必備的習慣提供一個實用而驚人的方法。他簡潔地陳述「帶著尊敬的詢問」這門藝術背後的研究，以及在促進夥伴真誠合作關係上所扮演的角色。這本書讀來輕鬆愉快，也促使我立即開始採用這些新習慣。

——丹娜・伍茲（Dana Woods）
美國重症照護護士協會執行長

領導的魔法就發生在每天的對話中。透過這本書，麥可・邦吉・史戴尼爾提供經理人一個非常簡單卻強而有力的工具，只要問七個問題而已，就能協助他們輔導團隊每天追求卓越。

——安德魯・克立爾（Andrew Collier）
雀巢領導發展部門主管

「真是太棒了……這本書怎麼沒在我需要的時候出現？」這是我讀完這本書時腦中第一個跳出來的想法。我讀過許多領導與教練式領導的書，但很少有麥可・邦吉・史戴尼爾這種方法。我喜歡這個強調簡單並不斷練習的概念，這些都是建立教練式領導習慣的關鍵。麥可將領導人視為複雜的工作化為簡單的流程，不管你是經驗老手還是新手，這絕對是必讀的書。

——莫妮克・貝特曼（Monique Bateman）
前TD銀行集團資深副總裁

本書是忙碌經理人實用的教練式領導基礎技巧，沒有廢話、沒有抽象理論、沒有單調冗長的故事。只有每天都可執行的實用工具，讓你可以在十分鐘或更短的時間內進行教練式領導。

——梅莉莎・戴姆勒（Melissa Daimler）
前 Twitter 學習與組織發展部門主管

邦吉・史戴尼爾切入的角度非常正確。我們都是習慣的產物，從習慣裡，我們創造自己、創造生活與周遭的世界。這是一本操作手冊，協助你將習慣的威力轉變成教練的威力，透過其他人或與其他人的共事來完成更多事。不要只是讀這本書，要去練習、去應用，將書放在桌上隨時提醒自己，建立自己的教練式領導習慣。

——米雪兒・米蘭（Michele Milan）

前多倫多大學羅特曼管理學員高管學程執行長

這本書要提供你七大問題與相關工具，
幫助你每天工作少費點力，
卻有更大的影響力。

目錄
contents

第 1 章

每個人都需要教練式領導

每個人都知道，
經理人與領導人需要教練式領導技巧來輔導部屬。

談論領導的文章不計其數。各派大師都建議，教練式領導（coaching）是一種不可或缺的領導行為。根據摩爾定律，高階主管教練的人數似乎呈現倍數成長。就算呆伯特（Dilbert）嘲笑過教練式領導，也沒有什麼能比這個跡象更能證明，教練式領導已經成為主流。

提出情緒智商（Emotional intelligence）概念的心理學家及新聞工作者丹尼爾・高曼（Daniel Goleman），十五年前就在《哈佛商業評論》（*Harvard Business Review*）發表〈得到成果的領導〉（Leadership That Gets Results），提出六種關鍵領導型態。「教練式領導」就是其中一種，而且它被認定為對績效、企業文化以及獲利都有「正面明顯」的效果。然而，它也是最少被運用的領導型態。為什麼？高曼寫道：「許多領導人告訴我們，在這種高壓的經濟社會中，他們沒有時間做『教導人們、協助人們成長』這種緩慢而冗長乏味的工作。」

請記住，那可是二〇〇〇年的美好時代，當時電子郵件還是好工具，全球化才剛剛開始暖身，而我們還沒有將靈魂出賣給智慧型手機。這些日子以來與全球各地的忙碌經理人合作的經驗告訴我，事情其實是越來越糟，而非越來越好。我們都比以前更不自由自在。雖然「教練」在今天已經是更常用的詞彙，但實際上，教練式領導並沒有那麼普通；就算有去做，似乎也沒有太大的成效。

你可能已經嘗試教練式領導，但失敗了

你很有可能已經以某種形式接觸過教練式領導。領導發展公司Blessing White二〇〇六年的研究報告顯示，有七十三%的經理人曾接受某種形式的教練式領導訓練，這看來還不錯。不過，這些教練式領導訓練似乎不太好：在接受教練式領導訓練的人當中，只有二十三%（沒錯，低於四分之一）的人認為這對績效或工作滿意度有明顯的影響。甚至有一〇%的人說這樣的教練式領導訓練產生負面效果。（你能想像參加這種會議會是什麼樣子嗎？「非常期待在接受教練式領導訓練之後，我會變得更加迷惘、喪失動力」）

因此，總結來說，你可能沒有得到非常有效的教練式領導，而你可能也沒有提供非常有效的教練式領導。

你可能沒有得到非常有效的教練式領導，
也可能沒有提供非常有效的教練式領導。

我猜，你一開始試著發展的教練式領導習慣之所以沒有持續下去，失敗的原因至少有三個。第一個原因是，你接受的教練式訓練可能太理論、太複雜、有點無聊，而且與忙碌的工作生活現實有點背離。或許在某場研討會進行之時，你正好被淹沒在一堆電子郵件裡。

就算你有接受訓練，也可能沒有花太多時間理解如何將這些新的洞察轉化成行動，使你做出不同的行為，這是第二個原因。當你回到辦公室，現狀會展現驚人的力量，緊緊箝制你，不讓你改變，回到跟以前一模一樣的方式做事。

第三個理由是，「少給點建議、多問點問題」這種行為的改變看來非常簡單，實際上卻驚人地困難。你可能已經花好幾年的時間在提供各式各樣的建議，同時也因此得到升遷以及稱讚。公司認為你會帶來「附加價值」，而且因為「一切都在你的掌控中」，所以你也得到額外的好處。另一方面，當你問問題時，你可能不確定最後的結果會對自己有用；對話可能會讓事情進展緩慢，你可能會感覺無法控制對話的進行（的確如此，這就叫做賦權）。如此說來，這好像不是一個很棒的選項。

但那真的沒有那麼難

在蠟筆盒公司（Box of Crayons），我們訓練超過一萬名像你一樣的忙碌經理人，養成實用的教練式領導技巧。經過這些年，我們得到以下明顯事實：

- 教練式領導很簡單。事實上，這本書提到的七大關鍵問題就可以提供大部分你需要的東西。
- 你可以在十分鐘之內輔導一個人。在今日的忙碌世界中，你必須能在十分鐘之內，完成教練式領導。
- 教練式領導應該是每天進行的日常行為，而不是偶爾想到、刻意安排「教練時間」的活動。
- 你可以建立教練式領導的習慣，但這只有在了解教練式領導習慣的原理，並使用經過實證、能夠有效建立新習慣的方法，而且真的可以牢記執行時，才能成功。

你已經承諾過要幫助部屬，
而這並不會讓你想要做更多的教練式領導工作。

但為什麼要大費周章改變現狀？為什麼要建立教練式領導的習慣呢？

破除三大惡性循環

教練的本質是幫助他人、釋放他人的潛能。但我相信你已經承諾過要幫助部屬，而這並不會讓你想要做更多的教練式領導工作。

所以，讓我們來看看，為什麼提供其他人教練式領導也可以幫助自己。它讓你做更少，卻產生更多影響。當你建立教練式領導習慣之後，你就可以更容易地破解在職場到處蔓延的三個惡性循環：部屬過度依賴你、工作排山倒海而來、沒有專注在真正重要的工作上。

＊第一大惡性循環：部屬過度依賴你

你可能會發現，你已經成為「過度依賴團隊」的一份子。這代表雙重危機。首先，你的訓練讓部屬過度依賴你，這會演變成他們沒有被賦予權力，而你也挫敗沮喪，甚至會帶來不受歡迎的後果。因為你已經成功地創造這種依賴，你要做太多的工作，結果成為整個系統的瓶頸。每個人都失去動能，士氣低落。你幫部屬做得越多，他們看起來就越需要你的協助；他們越需要你的協助，你就會花越多時間幫助他們。

建立教練式領導習慣可以讓你的團隊自動自發，團隊成員的主控權與掌握工作的能力也會增加，而你也會減少跳下來接手工作、成為瓶頸的機會。

＊第二大惡性循環：工作排山倒海而來

你可能也被排山倒海而來的工作給淹沒了。不管你有沒有精通世界上所有的生產力小祕訣都不重要，你越快找到生產力祕訣，外面持續湧進工作的速度就越快。你每天被不斷新增的優先要務帶往不同方向，被無止盡的電子郵件或一個又一個匆忙趕赴的會議干擾分心，你完全失去做事的焦點。你越是無法聚焦，就越會覺得被工作淹沒了；而你越是感覺到工作排山倒海而來，又會更無法聚焦。

建立教練式領導習慣可以幫助你重新聚焦，讓你及團隊可以去做真正能創造影響力的工作；你可以將時間、精力及資源用來解決真正與眾不同的挑戰。

人們發現真相的那一刻，實際上發現的是問題。

喬納斯．沙克（Jonas Salk）
小兒麻痺疫苗發明者

＊第三大惡性循環：沒有專注在真正重要的工作上

最後一點，你可能會無法專注在真正重要的工作上。我在前一本書《讓工作自由：激發熱情與潛質的15條捷徑》（*Do More Great Work*）曾提到這一個以此為基礎的原則：把事情完成是不夠的，你必須幫助人們做最多能創造影響力而有意義的工作。我們越是做一些沒有真正目的的工作，就會變得越來越不投入、沒有動力；我們越不投入，就越不可能發現並創造出絕佳的工作表現。

建立教練式領導習慣可以幫助你及你的團隊重新專注在真正具有影響力、有意義的工作上。教練式領導可以點燃勇氣，幫助人們跨出舒適及熟悉的領域，從經驗中學習，同時也可以增加並幫忙展現出每個人最大的潛能。

因此，你要起身對抗這一切負面行為。建立教練式領導習慣可以幫助你突破現狀，找到更好的工作方式。

七個關鍵問題

本書的核心是能讓你突破上述惡性循環、提升工作方式的七個關鍵問題。

這些問題不只對你的部屬有效，對你的客戶、供應商、同事、老闆有效，甚至對配偶與青少年兒女也有效（這視狀況而定，我不掛保證）。這些問題有可能讓每週的一對一輔導時間、團隊會議時間、業務會議、在既定行程表外偶爾與某個人接觸的非會議時間呈現出新樣貌，最後一個情況尤其重要。

這七個問題分別是：開場問題（Kickstart Question），這是以聚焦又開放的方式，開啟任何對話的問題；魔法問題（AWE Question），這可以說是世界上最棒的教練式領導問題，可以當作自我管理工具，也可以用來作為其他六個問題的輔助；焦點問題（Focus Question）及基礎問題（Foundation Question）則是用來觸及挑戰的核心，幫助你將注意力放在真正重要的議題上；懶惰問題（Lazy Question）可以幫你省下大把時間；而策略問題（Strategic Question）則可以省下共事者的大把時間；學習問題（Learning Question）與第一個開場問題，分別是教練式領導的終點與起點，藉此確保每個人都能發現與你的互動比以前更有幫助。

讓我們開始吧！

準備好了嗎？我相信你急著要學這七個關鍵問題，但在此之前，我們要先岔題談談改變行為有什麼需要注意的細節。如果你沒有真正去運用這些工具，就算它們再有用也是枉然。下一章談到的「建立新習慣公式」會幫助你做到這一點。在下一章裡，你會學到：為什麼設定一個新習慣不能算是新的行為；為什麼六十秒如此重要；以及這個公式如何成為改變焦點行為的動力。

第2章

如何建立教練式領導習慣

這裡要揭開「如何改變行為」的真正科學，
而非依賴網路上流傳的那些迷思或謊言。

本書要談的是，改變行為的核心就是：多問一些問題、少告訴他們要怎麼做。這看起很簡單，但並不容易，如果你不知道要怎麼付諸實行，理論再好也是枉然。因此，在討論「改變什麼」之前，需要先了解「如何改變」。

你已經知道，不管你的意圖有多好，要改變舊有的行為模式都是件困難的事。下面說的情況，應該不是只有我才有的經驗。

- 信誓旦旦說一早絕不要查看郵件，結果一大早就發現自己坐在電腦前面，睡眼惺忪地看著螢幕。
- 想要規律地冥想，找到內心的平靜，卻找不出五分鐘的時間坐下來吸氣與吐氣、吸氣與吐氣。
- 承諾自己要好好吃個午飯，休息一下，結果發現手離不開鍵盤，鍵盤縫隙裡都是餅乾屑。
- 決定要戒酒一陣子，結果在一天結束之際，發現一杯澳洲葡萄酒神祕地出現在手上。

發生這些情況也許不用太驚訝，杜克大學（Duke University）的研究顯示，我們清醒時的作為，有四十五％都是習慣。儘管我們認為自己掌控一切，事實上，我們並沒有有意識地去掌控太多事情，而是由潛意識或無意識驅動許多行為。這一點很驚人，同時也有點惱人。

要如何改變行為？這樣的資訊實在很多，更準確地說，這方面的錯誤訊息也多如牛毛，尤其在過年時節特別嚴重。這時候，空氣中瀰漫著各種「新年新希望」的決心。你有沒有聽過，如果做某件事二十一天，就可以養成一個新習慣？這是某位仁兄編造出來的，而這個理論在網路上廣為流傳，像個殭屍般拒絕死去。

值得慶幸的是，以神經科學及行為經濟學為基礎的各種發現也持續增加，也在這幾年指引出一條明路。為了建立有效的新習慣，你需要五個必要元素：一個需要改變的理由、一個觸發因子、一個新的小習慣、有效練習，以及訂定一項計劃。

找出改變的理由

改變工作的方式原本就是困難的事，為什麼要自找麻煩？你需要弄清楚，改變某件你熟悉、做起來也很有效率（注意，效率與效能不同）的舊行為，會帶來什麼成果。

「弄清楚」並不表示該想像已經成功了，這一點非常有趣。研究顯示，如果你花太多時間想像得出的結果，反而會比較沒有動力去真正採取行動，達成目的。李奧・巴伯塔（Leo Babauta）在《禪習慣：精通改變的藝術》（*Zen Habit: Mastering the Art of Change*）中建構一個輔助方法，他認為改變應該與更大的願景做連結。他談到應該發誓做出與其他人有關的改變。例如李奧之所以放棄抽菸，是為了妻子與剛出生的小孩。因此，少想著新習慣可以為自己做些什麼，不如多想想這個新習慣可以怎麼幫助你關心的某個人或某群人。

找到觸發因子

查爾斯・杜希格（Charles Duhigg）在《為什麼我們這樣生活，那樣工作？》（*The Power of Habit*）中有個洞見：如果你不知道是什麼觸發舊行為，你永遠無法改變它，因為在你意識到之前，就已經做完這個行為了。你界定的「觸發時刻」越是明確，這個資料就越有幫助。舉個例子來說：「在團隊會議上」就不如「當我被要求參與團隊會議時」有用；如果是「在會議上，當潔妮要求我針對她的想法做出回饋時」又會更有用。當時間點夠明確，對於建立堅定的新習慣就有很好的開始。

簡短而明確的小習慣

如果你以抽象而稍微模糊的方式界定新習慣，就無法真正有所改變。如果花的時間太長，你的大腦很可能會找方法破壞這個好意圖。BJ・福格（B.J. Fogg）在《設計你的小習慣：史丹佛大學行為設計實驗室精研，全球瘋IG背後的行為設計學家教你慣性動作養成的技術》（Tiny Habits）建議，你應該將新習慣界定為一個「小習慣」，不用六十秒就可以完成。重點就在於非常明確的第一個與第二個步驟，藉此引導到更大的習慣。對於本書來說，簡短而明確的法則特別有用，書中提到的七個關鍵問題中，每個問題都符合這個原則。

深度練習

丹尼爾．科伊爾（Daniel Coyle）在《天才密碼》（*The Talent Code*）研究為什麼世界上某些特定國家是某些特定技能的「熱點」集中地。例如巴西的足球、莫斯科的女子網球、紐約的音樂（那裡有茱利亞音樂學院）。每個熱點的存在有個關鍵因素，那就是知道如何很好地實踐，科伊爾稱這為「深度練習」（deep practice）。深度練習有三個要素：

- 將複雜的行為切分成一點一點來練習（例如，在練習網球時，不是練習整個發球流程，只先練習如何用球拍把球挑起來）。

- 重複、重複、重複……再重複。不論是盡快做，還是慢慢做，或是用不同的方式做，就是不斷重複相同的行為。
- 最後，要保持警覺，並特別留意事情發展得很順利的時刻。當成功做到的時候，記得慶祝一下。不見得需要買瓶香檳來慶祝，當然如果你想的話也可以，只要一點小小的激勵就夠了。

可以還原的系統

每個人都可能會被絆住，而當你被絆住的時候，很容易就會放棄。「你看到我已經吃了一片蛋糕，剩下的蛋糕我可能會全都吃掉。」傑若米・丁恩（Jeremy Dean）在《其實，你一直受習慣擺布》（*Making Habits, Breaking Habits*）中協助我們面對現實：在建立習慣的過程中，可能無法達到完美的境界。我們可能會在某個時間失敗、在某一天失敗。你需要知道的是，如果這件事發生時該做些什麼。建立一個失敗時得以保全的還原系統，當事情出現問題時，下一步就可以立即啟動這個還原機制，你也要把你的習慣變成一個可以還原的系統。

建立新習慣的公式

在蠟筆盒公司舉辦的教練式領導研討會上，我們持續聚焦在協助參與者界定要完成的特定習慣，並承諾會做到，而非聚焦在廣泛而且很少做得到的行動。為了協助大家做到這一點，我們從上述的洞察中擷取重點，在實際世界中不斷測試，創造出新習慣的公式，這是一個簡單、直接而有效的方法，來培育及啟動你想要的新行為。

這個公式中有三個部分，包括找出觸發因子、找出舊習慣以及界定新行為。運作方式如下。

＊找出觸發因子：當……發生時

找出觸發因子，這就像到十字路口的時候，你可能會習慣往已經踏得很平、很好走的舊路前進，或是走向美國詩人羅伯・佛洛斯特（Robert Frost）詩中描述的那條「比較少人走的路」。如果你不清楚這樣的時刻是在什麼時候，你可能會持續錯過，同時也錯過改變行為的機會。

如果能盡可能明確地找出這個時刻，情況會更好。查爾斯．杜希格說觸發因子只有五種類型：地點、時間、情緒狀態、其他人，以及之前的行動。你可以使用這些元素，組成一個非常明確的觸發因子。比方說，一個觸發因子可能是「在每週會議上（時間），當鮑伯（人）說：『我其實還沒有想過這件事。』（行動）的時候，讓我感覺很挫敗（情緒狀態）。」

＊找出舊習慣：需要被取代的行為

清楚表達出舊行為，這樣才會知道想要停止做的是什麼事。再次重申，如果能表達得越明確，會越有用。再以前面的例子來說：「我問鮑伯：『你有想過X嗎？』希望他接受到我暗示的答案就在問題裡，心裡同時還對鮑伯充滿負面想法。」

＊界定新行為：我會……

新行為應該是不用一分鐘就能完成的行為。我們知道，這本書可以幫助你確實改變的行為是可以少給點建議、多展現好奇

歡迎到 Great Work 播客聆聽查爾斯．杜希格的訪談 http://www.boxofcrayons.biz/great-work-podcast

心。而你會發現，本書要介紹的七大關鍵問題，最棒的地方就是你可以在一分鐘之內問出每個問題。

再以之前提到的例子來說，「我會問鮑伯：『那麼你現在有什麼想法呢？』」

在七大關鍵問題的每一章節結束之處，我都會要你根據這些問題建立新習慣。我們會持續回顧這些原則，並針對每個問題提供實際範例，讓你知道如何在現實生活中運用新習慣公式與七大問題。

延伸學習

如果你想要更深入了解「建立更好習慣」的最新發展，歡迎到 https://go.mbs.works/tch-vault 索取《六・五個教練大師》這本小書。書中記錄查爾斯・杜希格、BJ・福格、葛瑞琴・魯賓、丹尼爾・科伊爾、李奧・巴伯塔、尼爾・艾歐、傑若米・丁恩以及神祕的「半個大師」最新的研究。

最後提醒

建立教練式領導的習慣看起來很簡單，但並不容易。改變行為並不簡單，做不一樣的事情需要勇氣。當第一次表現不完美時（一定不會完美），還需要有毅力堅持下去。改變的定律之一，就是嘗試新事物時，阻力一定會從某個地方出現，用情境喜劇式的口吻問你：「你在說什麼啊？」面對這種阻力，可以採取幾個小訣竅：

- **從簡單的地方開始。**如果你管理很多不同的人，你可以先找個可能會願意嘗試、幫助你的人。或者找個即使情況變糟，你也不會有什麼損失的人。
- **從小地方開始。**不要試著一次就用上書裡提到的所有想法。從某個地方開始，嘗試在那件事情上達到精通、融入你的生活裡。之後再繼續下一件事。

行為改變的定律：

當你嘗試新事物，就一定會出現阻力。

- **找同伴一起改變。**在我做出改變，並牢記這些好習慣的時候，我找了一個教練和一個智囊團來支持我，他們每週會跟我確認進度、每兩週會跟我通電話，還有另一個智囊團則是每三個月會跟我確認進度。此外，我的 iPhone 中還有三個可以幫我養成好習慣的應用程式。雖然我已經知道這套方法，不過還是可以找朋友或同事參與，互相確認、鼓勵、練習，並彼此打氣。
- **重新出發。**習慣會「脫軌」，不會總是有用。當你處於「有意識的無能」（這種說法可能有點不禮貌，不過卻很明確）這個學習階段時，你會覺得很糟。不過在刻意與規律的練習後，你會轉變到「有意識的勝任」的階段，這時你就會快樂多了。

聽哲學家的話

古羅馬詩人奧維德（Ovid）說：「沒有什麼比習慣更頑強。」這是壞消息，也是好消息。壞消息是因為你的人生很容易變成一大堆不理想的反應以及回應，這些早就潛伏在大腦裡。而這也是好消息，因為現在你了解習慣的機制，就可以建立自己的成功架構。前英國首相邱吉爾（Winston Churchill）曾說過：「我們塑造了建築物，接著換它們塑造我們。」我們活在自己的習慣之中。因此你可以塑造出你想要的領導方式，並且建立起正確的教練式領導習慣。

這些新習慣可以從你問某個人的第一件事開始，這就是下一章要談的主題。

延伸學習

請觀賞 https://go.mbs.works/tch-vault 的簡短影片來加深學習，協助你將這些洞察化為行動。

《如何建立穩固的好習慣》（How to build rock-solid habits）是一部殭屍、猴子、一顆蛋與加拿大河狸的有趣影片，用來解釋如何建立一個穩固的好習慣。

第3章

一次問一個問題

我的朋友麥特・梅伊（Matt May）著有《追逐優雅》（*In Pursuit of Elegance*）以及《減法法則》（*The Laws of Subtraction*），他告訴我他第一次在巴黎市中心開車的經驗：他在進入地標凱旋門圓環時很快就注意到，這不是一個典型的圓環。

這個環形車道匯集十二條馬路的車流，正常的規則在這裡全被推翻。在這裡，準備進入的車輛享有優先路權，已經在圓環中間的車輛必須等這些車轉進圓環。於是車子從四面八方直接朝梅伊開過去，雖然這個系統順利運作（這些法國人真瘋狂！），他還是驚恐得捏了把冷汗。

有時接受其他人丟出一大堆問題就像是在巴黎開車。你的左邊來了一個問題、右邊又來一個問題，根本沒有時間回答，最後你只會感覺迷茫困惑。

有人稱這是「經過詢問法」（drive-by questioning），而這聽起來不像是能幫助別人的對話，這是一種被人審問的不愉快氛圍。

歡迎到 Great Work 播客聆聽麥特・梅伊的訪談 http://www.boxofcrayons.biz/great-work-podcast

一次問一個問題，一次只要一個問題就好。

建立你的新習慣

＊當……發生時

在我問了一個問題之後……

＊需要被取代的行為是……

又加上另外一個問題、或許再來一個問題、再一個。畢竟它們都是好問題，而且我也真的很好奇他們的答案是什麼……

＊我會……

只問一個問題（然後就閉嘴等對方回答）。

延伸學習

請觀賞 https://go.mbs.works/tch-vault 的簡短影片來加深學習，協助將這些洞察化為行動。

《如何問出最好的問題》（How to ask a great question）：麥可使用流行的網路研討會形式，與大家分享「問出最好的問題」應有的五大紀律。

㊀ 開場問題

二 魔法問題

三 焦點問題

四 基礎問題

五 懶惰問題

六 策略問題

七 學習問題

第4章

開場問題：開啟不會離題的對話

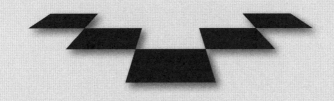

在這裡，你會發現開放式問題的威力，
這樣的問題可以讓對話快速發展又有深度。

好的開場白很重要

一個好的開場白很重要——「這是最好的時代，也是最壞的時代……」「很久以前，在遙遠的銀河……」「當你從天堂墜入凡間的時候，有沒有摔疼？」

經理人沒有達到教練式領導標準的一個原因，就在於不知道怎麼開始。雖然這很嘮叨，不過我還是要說，如果可以讓對話開始，那就沒問題啦。但要怎麼開始呢？如果你感覺到對話有點膚淺或無聊，或是不太有用，有可能是因為下面三種狀況正在上演：都在閒聊、議程僵化、錯誤診斷。

＊都在閒聊

別誤會，教練式領導的過程中的確有閒聊的空間，這是與對方重新連結、與對方接觸、建立關係的方式，這是讓你記住對方是「人」、也讓對方認為你是「人」的方式。不過，當你發現在十五分鐘的教練式領導過程中，有八分鐘在談論一些枝微末節的小事時，你可能會心神不寧。這種時刻你的心裡可能會想：「真的還假的？我們真的需要討論加拿大冬天好冷還下雪這類的事情嗎？

或者一定要談哪個球隊的事嗎？這樣的討論真的會讓狀況變得比較好？」閒聊可能是很好的暖身方法，但不是連結真正重要的對話的橋樑。

＊議程僵化

這種情況很常在固定會議中發生：同個時間、同一群人、同個地點，討論相同的議題。這讓這個會議變成枯燥的近況報告與數字朗誦會，報告沒有什麼重點，還會搾乾會議室裡每個人的能量。在一週、一個月或一年以前，這樣的議程可能很棒，但現在卻把真正重要的事情拋在腦後。

＊錯誤診斷

大家對於某個議題都覺得沒有問題，或是不覺得需要討論。你確定你知道這個議題，其他人也很確定知道這個議題，也許你們都認為大家都知道這個議題。然後……碰！你們開始忙著討論另一個有趣的主題（如果幸運的話，這個議題可能很接近真正要討論的議題）。大家的反應都很自在，而且感覺事情有進度，因為你正在解決某個問題。但是因為陷入錯誤的討論，所以不管你的進度有多快、你有多聰明，都於事無補。

不會離題的開場問題

想要用閒聊開場，又要快速轉換到真正的對話，有個幾乎保證不會失敗的方法，就是問這個問題：「在想些什麼？」這個問題符合「金髮姑娘原則」[1]，走在微妙的界線上，不會過於開放或範圍過廣，又不會太狹隘而有限制。

因為這個問題是開放的，所以可以邀請人們走進討論的核心，分享他們覺得最重要的訊息。你沒有「告訴」他們或「指導」他們。你展現出對對方的信任，並且給予他們自主權，做出自己的決定。

另一方面來說，這樣的問題也很聚焦。這並不是邀請對方告訴你每件事

1 Goldilocks Principle，出自格林童話的《金髮姑娘與三隻熊》，迷路的金髮姑娘進入熊的房子，嘗了三種碗裡的粥，試了三把椅子，又在三張床上躺了躺，最後認為小碗裡的粥最可口，小椅子與小床最舒服，因為這些最適合她。此原則用來說明做最適當的選擇。

情，而是鼓勵人們說出真正令人興奮、引發焦慮、耗費心力，或是會讓他們在凌晨四點醒來，令他們心跳加速的事。

這個問題表達的是：「讓我們談談最重要的事情吧！」這個問題可以解決「議程僵化」的問題，避開「都在閒聊」的情況，也可以打敗「錯誤診斷」的現象。

一旦你問了這個問題，可以進一步使用我所謂的3P模式來讓對話聚焦。但在討論3P模式之前，你要先了解兩種不同的教練式領導模式。

教練式領導模式

有些機構會特別點出「為了績效而進行的教練式領導」（coaching for performance）與「為了生涯發展而進行的教練式領導」（coaching for development）的差別。「為了績效而進行的教練式領導」是指處理或修正某個特定的問題或是某項挑戰，目的是解決失控的情況、讓事態有新的發展，或是想辦法控制情況。這是每天都該做的事，非常重要而且有其必要。「為了生涯發展而進行的教練式領導」則是將焦點從「事件議題」上轉移到處理這個議題的「人」身上，也就是控制這些事情的人，這類對話通常更少，不過很明顯也更有威力。如果要你回想哪個教練使用的方法令你印象深刻、有所不同，我敢保證那種方法一定是「為了生涯發展而進行的教練式領導」對話。因為對話的焦點會從「你」轉移到如何學習、改善以及成長的方向上，而不只是把某件事搞定而已。

3P模式可以直接創造焦點、讓對話更穩健，以及（如果運用得當的話）能將焦點轉移到更具威力的層級，採取為了生涯發展而進行的教練式領導。

用3P模式來讓對話更聚焦

3P模式是一個架構，可以幫助你選擇在教練式領導對話中的焦點，找出哪個部分是對方在面對挑戰時最困難的核心。一個典型的挑戰主要有三個核心：專案（project）、人（person）與行為模式（pattern of behaviour）。

將對話轉移到該怎麼學習、改善及成長，
而不只是把某件事搞定而已。

＊專案面的挑戰

專案指的就是實際狀況，也就是正在處理的事情。這是最容易進入的地方，也是我們多數人最熟悉的部分。我們花許多時間尋找眼前挑戰的解決方案，永遠盯著手邊的狀況。這裡就是「為了績效而進行的教練式領導」以及技術變革可能會發生的地方。通常，重點在於知道如何從這裡開始，然後看對話是否能從人或行為模式這兩個面向增加教練式領導的效益。

＊人的挑戰

你是否曾經想過，如果沒有這些麻煩的人，工作應該會容易許多？當然，這不只是我的想法。當然，當這個不完美、總是不講理、思緒混亂、帶有偏見、還沒有完全得到啟發的人，必須跟其他同樣也不完美、總是不講理、思緒混亂、帶有偏見、稍微缺乏智慧與同理心的人們共事時，狀況總是會變得更複雜。

不過，當我們談到人的時候，其實並不是在談他們。你談的是一段「關係」，尤其是指你目前在這段關係中的角色可能不是非常理想。

＊行為模式的挑戰

在這種類型中，你在尋找一種想要改變的行為模式以及工作方式。這個領域是「為了生涯發展而進行的教練式領導」最常出現的地方。這是個人的、具有挑戰性的，而且提供人們的自我認知以及潛力得以成長茁壯的空間。這類對話在現今的組織內還不是非常普遍。

以此為焦點的對話並不見得適合所有情境。通常，以專案為唯一焦點的對話是比較正確的作法。

實際運用3P模式

「在想些什麼？」你問。

「就〔填入某個正在做的工作〕啊！」他們說。

「也許可以從三個不同的角度來看，」你開啟話題，「一個是專案面，就是跟實際工作內容有關的任何挑戰；再來是從人的角度，就是與團隊成員、同事、其他部門、主管、客戶方面有沒有什麼問題。第三是從行為模式來看，是

答案就像是關著的房間，
問題則是打開的門，邀請我們走進屋內。

南西・懷爾德（Nancy Willard）

否有正在進行的某種型態或方法沒有發揮出最大效果？我們該從哪裡開始？」

他們選擇哪一個並不重要，重點是這個對話有著很好的開始。當他們討論完某個層面之後，你可以再帶著他們討論另外兩個層面，並且問他們：「如果事情就是這樣，那你覺得會碰到什麼挑戰？」

你很可能會得到一段更深入、更有效果與更豐富的對話。

建立你的新習慣

＊當……發生時

寫下成為你的觸發因子的某個時刻、某個人或某種感覺。

這個問題提到的典型觸發因子，通常是從下面的對話開始：

- 你的直屬部下突然闖進你的辦公室，要你給他一些建議。
- 一個客戶打電話給你。
- 老闆找你到他的辦公室。
- 午餐時，同事過來跟你坐在一起，問你是否有十分鐘可以聊聊。
- 與團隊中某位成員定期的一對一會議。
- 你覺得很焦慮，因為談話已經開始一段時間，卻沒有真的進入主題。
- 收到某封郵件或是某個人的即時訊息。

＊需要被取代的行為是……

寫下你希望不要再做的舊習慣，請盡量具體明確。

這些舊習慣可能是：

- 一直在閒聊
- 直接提供建議
- 對於標準議程有錯誤的看法
- 直接告訴其他人談話的主題

但這個舊習慣比較不是跟好奇心有關的行為，比較可能是你對於談話方向的控制行為。

＊我會……

描述你的新習慣。

這裡的答案應該類似：「我會問他們：『在想些什麼？』」如果是因為電子郵件或即時訊息讓你想要改變，你可以用郵件回覆給對方。

延伸學習

請觀賞 https://go.mbs.works/tch-vault 的簡短影片來加深學習，協助你將這些洞察化為行動。

以「在想些什麼？」（What's on your mind?）開始談話是非常好的開場，但這不是唯一的好問題。在這個影片中，麥可會分享其他方式，同樣可以幫助你更有力、更快速地展開對話。

實驗室報告

「在想些什麼？」是 Facebook 會問你的問題，或是說曾經問你的問題。這個問題曾經消失一陣子，不過不久又恢復了。我猜馬克．祖伯格（Mark

Zuckerberg）以及他的團隊應該發現這是最棒的問題了。

因此，這是幾千萬人每天被提示反思及分享的問題。我們請蠟筆盒公司的研究員琳賽更深入挖掘，探索這個問題會如此有效的科學原理。她引領我們接觸神經科學領域中的基本真理：因為我們有注意的事物，所以我們存在。如果我們能意識到自己所關注的焦點，就會讓事情的發展好很多。但如果我們總是分心想其他事情，就會付出代價。

一份二〇一〇年的研究指出，我們想某件事的時候，實際上都在耗用能量，大腦只占身體重量的二%，卻會耗用約二〇%的能量。

但更重要的是，你在心中所想的，將會無意識地影響你關注、聚焦的事物。當你想著要買一台紅色馬自達，你就會開始注意到路上所有的紅色馬自達。你心中所想的也可能影響你做出的決定，因此你可能不會做出最理想的決定。

這個「開場問題」有點像是一個小型的壓力閥，幫助你釐清某個可能正在不當影響工作的某件事。這個問題帶給你挑戰，讓那些未成形而不明確的東西不再圍繞著你、出聲干擾你，或是蒙蔽你，限縮你看世界的方式。

第5章

省去前言，直接問問題

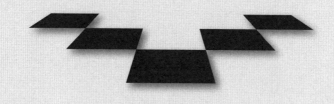

網路上有個很夯的話題是討論〇〇七電影的最佳開場。

對某些人來說，這個答案可能是《海底城》（*The Spy Who Loved Me*）的開場，羅傑・摩爾（Roger Moore）滑雪跳下懸崖，然後跳傘逃脫（傘面當然有英國國旗標誌）。

有些人最愛的可能是《〇〇七首部曲：皇家夜總會》（*Casino Royale*）以黑白片段開場，丹尼爾・克雷格（Daniel Craig）執行第二次獵殺任務，晉升〇〇七情報員的時候。

我最愛的則是在《黃金眼》（*Golden Eye*）中，皮爾斯・布洛斯南（Pierce Brosnan）在大水壩上高空彈跳的那一幕。

不管是哪一個，你都會發現一個共通型態：沒有一部〇〇七電影是用緩慢的節奏開場的。

啪！在十秒鐘之內就會進入緊湊的情節中，腎上腺素開始飆升，心跳越來越快。

如果你知道要問什麼問題，
就直接切入重點，開口問吧。

這跟我們多數人問問題的方式剛好完全相反：多數人問問題時，都有一段緩慢、長篇大論、漫無目的、無邊際漫談的「前言」，感覺好像是《天方夜譚》裡一千零一夜的故事，遠超過〇〇七小說作者伊恩·佛萊明（Ian Fleming）所能想像。

切掉那段不知所云的「前言」吧。你不需要一條飛機跑道慢慢加速，你可以直接起飛。

如果一定要有個前言，也許一開始可以說「好奇問一下喔」。這可以使問出的問題不會太沉重，也比較容易開口，對方也比較容易回答。

建立你的新習慣

＊當……發生時

當我要問問題的時候……

＊需要被取代的行為是……

做好鋪陳、設定好場景、再三解釋、暖身，然後花很長的時間都還沒說到重點……

＊我會……

直接問出我想要問的問題（然後閉嘴傾聽對方的答案）。

第6章

魔法問題：最有用的教練式領導工具

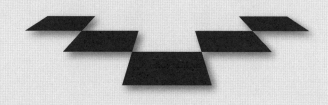

你會發現這是世界上最棒的教練式領導問題，
你應該會很驚訝，
「還有其他的嗎？」這短短六個字的威力無窮。

展現真正的魔法

身為一個拙劣的業餘魔術師，我比其他人更讚賞真正的魔術師。你可能看過魔術師把手握住，變出一枚硬幣，然後再變出一枚硬幣、再一枚。如果你在 YouTube 上看到潘恩與泰勒（Penn and Teller）的某個影片，你可以看到他們把硬幣和金魚一個一個變出來（上網搜尋 Masters of Magic Penn and Teller, Amazing Trick，你就知道我的意思了）。

我沒辦法變出那種戲法，我差得遠囉。但我可以提供你一個好問題，我還真的有考慮要申請商標，註冊這個「全世界最好的教練式領導問題」，這個問題真的有相同的魔法。

最具魔力的魔法問題

這個魔法問題只有短短六個字：「還有其他的嗎？」（And What Else?）我知道這看起來不怎麼樣，但它有神奇魔力。這個問題看來似乎不會有什麼效果，但其實可以設法挖掘出更多智慧、更多洞見、更多自我認知，還有更多可能性。

魔法問題之所以會有這些影響力，原因有三個：更多的選項可以引導出更好的決策、你可以駕馭、你能為自己爭取到時間。

＊引導自己的內在聲音

如果過去七十年裡你有看美國的電視節目，你一定看過比利・梅斯（Billy Mays）、文斯・歐佛（Vince Offer）或朗恩・波沛爾（Ron Popeil）。他們是電視購物的藝術家，推銷最棒的切塊機、刨絲器、清潔產品或是吸水毛巾，只要十九・九九美元，而且還免運費！朗恩・波沛爾是其中的祖師爺，他的經典台詞就是：「等等，還有喔！」

我沒有要你買抹布，但請你記得，某個人給你的第一個答案不會是唯一的答案，也很少是最棒的答案。你可能以為這再明顯不過了，但其實並不如你想像的那麼明顯。

奇普・希思及丹・希思（Chip and Dan Heath）在《零偏見決斷法》（*Decisive: How to Make Better Choices in Life and Work*）中引述保羅・納特（Paul

Nutt）的一項研究，保羅．納特號稱是史上知道最多經理人如何做決定的人。他設計一個縝密的模型，檢視一百六十八個組織內決策的結果，發現有七十一％的決策只在兩種選項中選擇，而這兩種選項很簡單，就是：我們應該做這件事嗎？或者不應該做？

納特強調，這個數字跟青少年在做決定之前創造選項的數字差不多（事實上還略低）。沒錯，這些決策跟青少年容易做的差勁決策沒什麼兩樣。不過青少年有藉口說他們的大腦還沒發育完全。納特發現，從這兩種選擇中做出的決策，失敗機率大於五〇％，這就不足為奇了。

接著，他檢視有較多選項的決策成功率有多高。比方說，如果多加一個選項，變成：我們應該這樣做、不應該這樣做或是選擇另一個來做，這樣的成功率有多高？結果非常驚人。光是多一個選項，就可以將失敗率降低幾乎一半，達到三〇％。

當你使用「還有其他的嗎？」這個問題，你可以得到更多的選項，通常也是更好的選項。更好的選項會帶來更好的決策，更好的決策會帶來更大的成功。

*馴服心中的「建議怪獸」

如果我現在是在寫一首詩而不是一本書，應該會像這樣：

說更少、問更多。
你的建議
不如你想的那麼好。

但說的比做的容易。我們都有深植體內的一種習慣，自動進入「提供建議／專家／回答問題／解決問題／修正問題」的模式。當然，這不令人意外。你享受過組織「凡事都有確定答案」的甜頭，然後，隨著工作與生活越來越複雜，有越來越多的不確定、不知所措與焦慮感如潮水般湧來，而且你又知道我們的大腦強烈偏好清晰、明確的看法。這一切加總起來，就可以解釋我們為什麼這麼喜歡提供建議了。即使提供的是錯誤的建議（通常如此），都會比問問題這種模糊的做法更讓人自在。

在我們的訓練課程中，我們將這種衝動稱為「建議怪獸」（Advice

Monster）。你真的很想要有好奇心、問一些好問題。但就在那一刻，當你逐漸往更好的方式轉型時，這個怪獸突然從黑暗中跳出來，挾持整場對話。在你意識到發生什麼事之前，你的腦袋已經轉變為「尋找答案」模式，你開始跳進來，提供各種想法、建議與推薦各種做法。

當然，教練式領導的過程中本來就會提供建議。我們不是要你從此不再給任何人解答，但提供答案的確是一種被過度使用、而且通常無效的作法。

一個有趣（但困難）的練習就是看你多快想要提供建議。給自己一天（或半天，或一小時）的時間，看看你有幾次已經準備好提供答案。有個很常被引用的研究：一九八四年，霍華・貝克曼（Howard Beckman）與理查・法蘭科（Richard Frankel）發現，醫生打斷病人的平均時間是十八秒。我們可以翻白眼批評：「那些醫生喔……」不過，我看過許多經理人及領導人的紀錄也不遑多讓。

簡而言之，即使我們不是真的知道問題在哪裡或對方發生什麼事情，我們總是非常確信對方需要我們的答案。

即使我們沒有真正了解問題，
我們還是會非常確信對方需要我們的答案。

「還有其他的嗎？」可以打破這個循環。當你習慣問這句話時，通常就是保持懶惰以及保持好奇最簡單的方法。這是一個自我管理工具，可以抑制你的「建議怪獸」。

為自己爭取更多時間

這是祕密，只有你知道、我知道，不要告訴別人喔。我非常確定我必須在書中某個自我介紹的段落提到這件事，並且用畫線強調：我是第一個拿到「加拿大年度教練」的人喔。這可是一個專業、受尊敬且得過獎的教練對你說的悄悄話。

當你不完全確定發生什麼事時，你需要一點時間來理出頭緒。此時，你可以問「還有其他的嗎？」這可以為自己爭取多一點時間。

但這是內幕情報，不要告訴其他人喔。

四個實用訣竅

為了確保魔法問題發生魔力，請遵循以下幾個簡單的原則：

＊帶著好奇與真誠的心

現在，你有了非常棒的問題可以使用，但這並不代表你可以用無聊的節奏來問這個問題。

當你建立這個習慣時，不要只是練習問「還有其他的嗎？」請使用第二章丹尼爾．科伊爾所說的「深度練習」原則，讓自己習慣帶著真誠的興趣與好奇心來問這個問題。此外，請練習傾聽對方的答案。

＊再多問一次

首先，我們要先了解一個通用原則：大家太少問這個問題。

要精通這個習慣的方法就是嘗試、實驗，並且看看怎樣最能發揮

歡迎到 Great Work 播客聆聽丹尼爾．科伊爾的訪談 http://www.boxofcrayons.biz/great-work-podcast

作用。基本原則是：我通常至少會問三次，很少超過五次。

*辨識成功訊號

在談話的某些階段，有些人會開始告訴你：「沒有了。」當這句話出現時，出現心跳加速和略為慌亂的反應完全合理。

這可以解讀為改造成功。「沒有了」就是你應該尋找的反應。這代表你已經到達詢問的終點。深呼吸、說聲好，就可以接著進行下一個問題。

*時候到了就要讓對話推進

如果你可以感覺到對話該結束了，你就知道該讓談話推進了。「還有其他的嗎？」（Is there anything else?）是這類問題很好的收尾。這個問句是要讓談話結束，但仍然維持開放式問題，讓想要再發表意見的人還可以表達意見。

「還有其他的嗎？」這個問題可以最快速、簡單地找出並創造新的可能性。

有太多選擇不見得是好事

有選擇是好的。「還有其他的嗎？」的威力就在於快速、簡單地找出並創造新的可能性。

但擁有太多選項也不見得是好事。

《只想買條牛仔褲：選擇的弔詭》（*The Paradox of Choice*）作者貝瑞・史瓦茲（Barry Schwartz）提出一個在雜貨店進行的消費者研究。那天是果醬日，他們在一個桌子上擺了六種果醬，另一個桌子則擺了二十四種。二十四種果醬的桌子當然比較受歡迎，但在六種果醬這桌試吃的消費者，購買果醬的機率是另一桌的十倍。二十四種口味令人不知如何下手選擇，反而會造成決策麻痺。（貝瑞在 TED 有一段同名演講）。

神經科學也有些有用的資料可以參考。最早的研究可以追溯到一九五六年喬治・米勒（George A. Miller）的研究報告，這份報告的標題很清楚的說出結論：〈五到九：我們資訊處理能力的魔術數字〉（The Magical Number Seven, Plus or Minus Two: Some Limits on Our Capacity for Proceeding Information）。經過時間改變，科學研究發現這個數字降低了，現在通常假設單次吸收資訊的理想數字是三或四。在某些程度上，這就好像我們的大腦無意識地數著：一、二、三、四……還有很多。這解釋了為什麼我們可以記住四人樂團的樂手名字，卻沒辦法記得五人以上樂團的樂手名字。

因此，當你問「還有其他的嗎？」目標不是要產生多如繁星的選項。而是看看對方腦中已經有了哪些想法（同時有效阻止你直接說出自己的想法）。如果你得到三到四個答案，其實已經是很大的進展了。

找到正確的時刻

「還有其他的嗎？」是個非常實用的問題，你在每次的交談中幾乎都可以使用，舉例來說：

- 你問對方「在想些什麼？」對方回答之後，你可以接著問：「還有其他的嗎？」

- 有個人說他打算採取一些行動，你可以用這句話刺激他：「你還可以做些什麼嗎？」
- 你試著要找到某個議題的核心，問對方：「你在這裡碰到的真正挑戰是什麼？」對方先是膽怯地說了一些模糊或平淡的答案，這時可以再繼續追問：「這裡還有什麼是你碰到的挑戰？」
- 在每週的進度會議一開始時問對方：「現在哪件事最重要？」然後給他壓力，追問：「還有其他的嗎？」
- 當某個人提出一個嶄新的想法，探索新可能時，維持探索的可能性，詢問「還有其他可能性嗎？」以激發潛力。
- 當你進行腦力激盪希望能產生新點子，而且不希望陷入停滯狀態時，你可以詢問「還有其他的嗎？」來使腦力激盪的能量持續。
-

建立你的新習慣

＊當……發生時

寫下成為你的觸發因子的某個時刻、某個人或某種感覺。

「還有其他的嗎？」會有很好的效果，因為這可以讓其他人持續產生新的選項，並讓你閉上嘴巴。因此，這裡的觸發因子就是相反的狀況。也就是：

- 當某個人提供一個想法時。
- 當你想要給一些建議時。
- 當你確定知道答案，而且很想告訴對方的時候。
- 當他還沒有說「沒有了」的時候。

＊需要被取代的行為是……

寫下你希望不要再做的舊習慣。請盡量具體明確。

舊習慣應該是提供建議，而且比原本需要的時間更快進入解決方案。例如：

- 你說出你的第一個想法，甚至第二個、第三個想法。
- 在其他人分享所有想法之前，就迫不及待告訴別人自己的偉大想法。
- 假設你知道問題與（或）解決方案。
- 一手主導對話，或是自說自話。

＊我會……

描述你的新習慣。

這個答案應該會是：「我會問他們：『還有其他的嗎？』」。

想要得到正確的答案，
首先你要問出正確的問題。

凡妮莎・雷葛蕾夫（Vanessa Redgrave）

延伸學習

請觀賞 https://go.mbs.works/tch-vault 的簡短影片來加深學習，協助你將這些洞察化為行動。

主宰一切的問題（The One Question That Rules Them All）：借用托爾金（J.R.R Tolkeins）的魔戒（Lord of the Rings）主宰世界的概念，麥可深入探討為什麼你應該精通的第一個問題是「還有其他的嗎？」。

實驗室報告

既然我們宣稱「還有其他的嗎？」是這世界上最棒的教練式領導問題（別誤會了，我們真的這麼認為），那了解這問題背後的科學是很有助益的。當我們將這個挑戰交給研究人員琳賽時，她提供了幾個非常令人注目的研究洞察。

她引用的第一個研究是在八十五年前的報告，這份一九二九年出版的研究顯示，當學生在回答是非題時，如果有第二次機會，這種「刻意再想一下」的行為可以讓學生答對更多問題。這些學生的表現比有第二次機會，但第一次並沒有把答案寫下來的學生表現還好。這樣看來，寫下第一個答案、接著反思這個答案，準確度會更高。更現代的研究發現，追問的問題（follow-up question）可以促成進一步的思考（這種問題像是「還有其他的嗎？」）可以幫助更深入了解，而且促進參與。

在琳賽找到的第二個研究中，心理學家選了三歲小孩，要他們做件頑皮的事（偷看某個玩具），然後問他們是否有偷看。在偷看的小孩中，大約有一半說謊，否認有偷看；但他們大部分都能立刻準確地揭露下一個問題的答案，回答出「是什麼玩具」。我們跟小孩沒有太大不同。我們通常等著別人問我們，再揭露一些事情，而魔法問題就是做到這一點最有效的一個方法。

第7章

別問假問題

在《教父》（*The God father*）的電影中，兩頰塞滿棉花演出教父的馬龍．白蘭度（Marlon Brando）向人提出一個無法拒絕的提議，這代表那個人醒來的時候會在床腳看到一個馬頭。

當然，你會用比這個更細緻的方法來達到目的。你已經接受事實，知道「如果少給點建議、多問幾個問題，對大家都會比較好」。在此同時，你也很清楚知道問題的答案。所以你善於問出假問題：

「你有沒有想過……？」

「如果……的話怎麼樣？」

「你有沒有考慮過……？」

不要再提供帶有問號的建議了！這不能算是真正的問問題。

如果你有想法，請稍等一下，問大家：「還有其他的嗎？」你會發現，對方通常會吐出在你腦中盤旋的想法。如果對方沒有想到，那麼請提供你的想法——就是一個想法，而不是偽裝的假問題。

別再提供「帶著問號的建議」了！

建立你的新習慣

＊當……發生時

我知道答案，因此我想要建議……

＊需要被取代的行為是……

問「假」問題，例如「你有沒有想過……？」或「如果……如何？」這類帶著問號的建議。

＊我會……

問七大關鍵問題。如果我想要表達某個想法，我會把它當做提供的選項，而不是提供一個冒牌的問題。

一　開場問題：在想些什麼？
二　魔法問題：還有其他的嗎？
㊂　**焦點問題**
四　基礎問題
五　懶惰問題
六　策略問題
七　學習問題

第8章

焦點問題：專注在真正需要解決的挑戰

在這裡你會學到，
怎麼停止花太多時間與心力在解決錯誤的問題。

你真的有發現問題嗎？

科學世界充滿意外的傑出發現。威廉・博金（William Perkin）想要治療瘧疾，結果創造出第一個合成染料苯胺紫（mauveine）。安德魯・佛萊明（Andrew Fleming）在度假前沒有好好整理實驗室，結果回來時意外發現了第一個抗生素：盤尼西林。便利貼的成功來自於萬能膠的失敗，威而鋼的發明最早是為了治療心絞痛。

可惜的是，這種有意義的巧合通常不會在你的組織裡發生。

如果你的組織文化跟我見過的其他組織一樣（一定一樣），那必定是個喜歡「完成任務」的地方。把事情做完、將工作待辦事項清單一條一條劃掉。如果你跟過去的我或那些我曾共事、曾服務的多數經理人一樣，那麼你真的會想把所有事情搞定、一一解決。

挑戰在於，經過多年的制約，當你開始聽到某個挑戰或問題時，你體內的每根神經都會扭曲在一起，蠢蠢欲動地渴望解決、修正問題，或提供解決方案。這是古典制約現象（Pavlovian）。這就是為什麼全世界跟你相似的人都努力要針對問題找到解決方案，但這些問題其實根本不重要。這也是為什麼真正的挑戰通常都沒有被處理。

當人們開始跟你談到眼前的挑戰時，切記一個關鍵原則：他們拋出的問題，很少是真正的問題。當你開始跳進去修正問題時，事情會以三個方向脫離正軌：你處理的是錯誤的問題、你做了團隊成員應該做的事情，那就是自己解決問題以及工作沒有真正被搞定。

*你在解決一個錯誤的問題

針對團隊提出的挑戰，你可能會端出一個漂亮的解決方案。不過，他們提出的這個挑戰可能不是真正需要被處理的問題。他們可能會描述各式各樣的事：出現的情況、次要議題、前一個熟悉的問題，甚至會提出某個未被提及議題的半套解決方案。

*你在動手解決別人的問題

你的團隊把你訓練得太好了，讓你來幫他們工作。只要有問題出現，他們

你體內的每根神經都會扭曲在一起，
蠢蠢欲動地渴望著修正、解決問題，
希望提供解決方案。

不會自己嘗試找出解答，而是直接找你要答案。感覺上（至少某些時候）這對你、對他們都是最不費力的方法，但你可能也會留意到，你有自己的工作、又要做團隊成員該做的一部分工作，這個龐大工作量讓你無法負荷。如果你正在心理醫生的辦公室裡，他一定會像大師般點點頭，喃喃自語道：「嗯嗯……這就是關係成癮（co-dependency）」。

＊你根本沒有解決問題

你又不是沒有自己的工作要做。現在，你發現還要負責解決其他人的問題。或許你手邊並沒有確切的答案，因此你忽略電子郵件，或將它放在待辦事項的文件夾中，或模糊地承諾在不算太近的近期內提供答案。突然之間，事情的進度因為你而停止。整個團隊不只對你過度依賴，你現在還感覺到事情排山倒海而來的龐大壓力，你將所有事、所有人的進度都拖慢了。你成了瓶頸一哥或一姐。

你需要一個方法，克服想要直接跳下去修正眼前挑戰的誘惑。你需要阻止自己及團隊成員糾結在攤在桌上的第一個問題。稍微放慢速度，你才能觸及議題的真正核心。以下就是能讓一切改變的問題。

將焦點放在真正的問題上，
而不是第一個問題上。

瞄準真正問題的焦點問題

這個問題就是：對你來說，這裡真正的挑戰是什麼？這個問題可以減緩急著行動的衝動，因此可以將時間花在解決「真正的」問題上，而不是解決「第一個」問題。這個問句會這樣寫並非偶然。現在就來看看這句話的組成要素，以及為什麼會產生如此好的效果。

- **挑戰是什麼？**好奇心帶你往正確的方向去，但如果光是這樣的問法，又過於模糊。這樣的問法最可能產生一個很明顯的答案，或是某種抽象的答案（或是兩種都有），不管是哪一種，都沒有實質幫助。
- **這裡真正的挑戰是什麼？**「這裡」暗示眼前有很多個挑戰要選擇，而你必須找出最重要的挑戰。這樣的說法多半可以讓大家放慢速度，做更深入的思考。
- **對你來說，這裡真正的挑戰是什麼？**人們很容易對較高層次或抽象議題發表高見。「對你來說」可以把問題鎖定在與你談話的人身上。這可以讓問題保持在個人層次，讓對方動腦思考，釐清該解決什麼問題。

焦點問題如何突破迷霧

現在，你已經知道「焦點問題」的組成要素了，在你和其他人進行教練式領導的過程中，你會看到這個問題可以突破某些經常使用但沒有效率的型態。不過當你嘗試要利用焦點問題找出挑戰的時候，有幾種型態會使事情模糊一片。在蠟筆盒公司，我們會稱這為「迷霧因子」（foggy-fiers），最常見的三種型態包括：挑戰源源不絕、不知不覺的岔題、以及討論過於抽象。

＊挑戰源源不絕

你已經精通第一個關鍵問題，自信地前進，所以你問對方這個關鍵問題：「在想些什麼呢？」

這個問題會引發排山倒海的回答。「那個網站專案我們只有三個禮拜可以做，但已經落後一個月了。然後，亞伯特又在搞那招令人困惑的沉默式溝通。

我們沒能得到行銷部門要不要啟動專案的回應。我很焦慮熱帶雷專案（Project Tropic Thunder）的預算不會過。還有，當我今天開車來上班時，引擎又開始發出那種奇怪的喀喀聲……」

如果你有看過澳洲原住民迪吉里杜管（didgeridoo）的樂器表演，你會發現表演的音樂家功力超強，可以持續吹出音符，好像都不需要呼吸一樣。呼吸可以繼續，這代表他可以透過鼻子吸氣、同時透過嘴巴吐氣。試試看。那好像做不到，但這個音樂家卻做到了。你問他「在想些什麼呢？」結果他將擔心的事情一件一件吐出來，沒完沒了。

你可能也已經精通第二個關鍵問題，但這個時候你千萬不要問「還有其他的嗎？」他吐出的資訊已經超過你的負荷了。

隨著對方口中說出的問題越來越多，你的焦慮感慢慢增加。你很焦慮，卻感覺很滿意，因為隨著許多問題出現，你明顯準備好從很多方面提供大量的建議，藉此幫助對方。唯一的問題是該從哪裡開始呢？是第一個提到的挑戰呢？還是你最有自信可以提供答案的挑戰？

或者，如同這本書希望你建立的新習慣，你不應該回到「提供建議、提供解決方案」的行為模式中，該問的是：對你來說，這裡真正的挑戰是什麼？

你有爆過爆米花嗎？當第一聲「啪」出現之後，很快就會出現第二聲、第三聲，接著就批哩啪啦響個不停。這些問題與挑戰也是以同樣的方式不斷冒出來。

你要拒絕「提供答案」的誘惑，也不要從諸多挑戰中挑一個當作開始（因為你又會煩惱該從哪個挑戰開始），相反的，你應該提出類似以下這樣的問題：「如果要你從這些問題中挑一個專注處理的問題，你覺得哪個問題對你來說是真正的挑戰？」

＊不知不覺的岔題

你帶著真心的好奇心，問對方：「在想些什麼？」

「約翰。」

「約翰？」

「沒錯。約翰是我的惡夢。我從沒有見過這樣一直被新事物吸引的人了。他的思考發散，感覺像活在另一個世界。」

「什麼？真糟糕！多告訴我一點。」你鼓勵他。

若沒有一個好的問題，好的答案將無處可去。

克雷頓・克里斯汀生（Clayton Christensen）

「這只是開始而已。他說出的話跟事實差很多，他沒有在說謊，說的事情好像有這麼一回事，又不像有這回事，搞不清楚到底是怎樣。」

「天啊。還有其他的嗎？」

「哈！我有沒有告訴你，有一次他……」

對話就這樣繼續下去，花了整整四十五分鐘討論約翰。這絕對是非常具有娛樂性的一段對話，在對話最後，你們的感覺都很好，因為你在聽到約翰的許多缺點後，內心升起「我勝過他」的優越感。你感覺自己做了一次很好的教練式領導，因為你不只全程積極傾聽，還深深投入情感。

不過，這不叫做教練式領導或管理，這是在說八卦，或者說的更直接一點，這是發牢騷及無病呻吟。

這裡要牢記的關鍵是：你只能輔導你面前的這個人。大家很容易就離題談到「第三點」（third point，最普遍的是談論第三者，但也有可能離題談起另外一個專案或狀況），但你真正需要做的是找到跟你談話的人面臨的挑戰是什麼。

因此，在上面的例子中，真正的教練式領導對話應該是聚焦在這個人「如何管理約翰」，而非談論「約翰的作為」。

而本章討論的問題：「對你來說，這裡真正的挑戰是什麼？」正可以幫助你達到這個目的。

這個問題的明顯症狀是不斷談論另外一個人（抱怨老闆、談論與客戶的互動、擔心團隊中另一個成員）或專案狀況（抱怨新流程、談論專案進度太慢、擔心企業單位組織重整的影響等等）。

解決方法是把焦點帶回到與你談話的人身上。對他所說的狀況表示理解，接著問出「焦點問題」。這個問題大致是這樣：「我想我了解你剛剛提到的（某個狀況或某個人），那麼對你來說，這裡實際的挑戰是什麼呢？」

*討論過於抽象

你切入重點。「在想些什麼呢？」

「我真高興你問了。我不知道你有沒有看到最近《哈佛商業評論》的部落格文章，在策略與企業文化之間的爭辯有些有趣的想法。我知道這是專案也會檢視到的部分，而資深團隊在考慮……」

你點點頭，心想她應該很快就會切入重點吧。

「現在，我想一般來說，對於企業文化變革的挑戰在於領導人與我們其他人的經驗不同。我聽說這叫做『馬拉松效應』（the marathon effect），就是說，領導人比其他人都早觸及終點線，然後比賽就結束了。艾狄格・夏恩（Edgar Schein）的書中對此有些有趣的觀點……」

你的心往下沉了一點。也許……她永遠都講不到重點吧。

不能說這類對話不有趣，因為通常這種對話會很有趣。只是現在這個對話聽起來比較像是學術討論或是現況的摘要報告，如果要變成一段能夠發現問題、解決問題的對話，則是完全沒有頭緒。

這時，你應該要問焦點問題：那麼，對你來說，這裡真正的挑戰是什麼？

這個問題的症狀如下：你們進行一個更大方向、更高層次的現狀討論。感覺上說話的人好像是個旁觀者，沒有牽涉其中，對話中通常會出現「我們」，而沒有談到「我」。

該怎麼解決呢？如果你覺得已經失去對話的焦點，你需要想辦法將對話導向面對的挑戰，並與談話的人產生連結。跟不知不覺的岔題一樣，重點在於將焦點轉回對方。要做到這一點，你應該問類似這樣的問題：「我對這整個挑戰有些概念。那麼，對你來說，這裡真正的挑戰是什麼呢？」

從績效到發展

在第四章中，我曾簡單談到「為了績效而進行的教練式領導」與「為了生涯發展而進行的教練式領導」的不同。「為了績效而進行的教練式領導」通常應用在解決日常管理的問題；「為了生涯發展而進行的教練式領導」則要解決更高層次的問題，不只是解決問題，而且會把焦點轉移到解決問題的這個人身上。用個譬喻來說，前者的焦點在「產生的火」，後者的焦點則是在「設法滅火的人」身上。

盡可能在每個問題中加上「對你來說」這個詞，這個簡單的動作可以讓對話朝向「為了生涯發展的教練式領導」，而非「為了績效而進行的教練式領導」。沒錯，問題還是得解決，但有了「對你來說」這個詞，通常會增加一些個人洞察，進而引發對方成長與提升工作能力。

輕鬆駕馭焦點問題的三大策略

現在，你已經知道為什麼「焦點問題」可以發揮這麼大的效用了。以下幾個小訣竅，可以幫助你確保每次的提問都能發揮最佳效果。

＊相信自己能提供幫助

當你開始從「提供建議及解決方案」變成「問問題」之後，你可能會覺得很焦慮。你可能會想：「我光是問問題而已，他們一定馬上就會看穿這一點。」學著找出問問題的時刻，刻意讓對話暫停，你會發覺對方真正在思考，並設法找出答案，你幾乎可以看到新的情況正在產生。

為了更進一步讓自己安心，請熟悉最後一個關鍵問題：對你來說，什麼對你最有幫助？」這樣你就會為彼此創造出一個學習的時刻。

＊記得，你還是可以提供建議

當某個人突然探頭進來問你：「你知道檔案夾在哪裡嗎？」告訴他檔案夾

在哪裡。不要問：「對你來說，這裡最大的挑戰在哪裡？」這只是徒增困擾而已（不過這樣回答的好處是：這個人可能從此不會再打斷你的工作，所以不要放棄這個戰術）。身為領導人、經理人，扮演的角色就是心中有答案。我們只是設法減緩你朝這個角色發展的速度。

＊記得第二個問題

有人曾經說過，所有東西加了培根，味道嚐起來都會比較好。身為一個墮落的素食者，我可以證明這一點。同樣的，每個問題加上「還有其他的嗎？」效果都會比較好。

問對方：「對你來說，這裡真正的挑戰是什麼？」這樣的詢問很好。如果再加上一句變成：「還有其他的嗎？對你來說，這裡還有其他真正的挑戰嗎？」這樣的問題更好！

建立你的新習慣

＊當……發生時

寫下成為你的觸發因子的某個時刻、某個人或某種感覺。

現在，我們要打破的型態是過度處理錯誤的問題，因此觸發因子是你想開始聚焦在某個特定挑戰的時候。「端出修正事情的方法」感覺要比「坐在一片迷霧之中，設法思考出挑戰是什麼」還要自在一些，但這就是問題的威力所在。因此，觸發因子可能是：

- 當你的團隊在討論某個挑戰或專案，而對話已經轉向討論解決方案的時候。
- 當團隊中某個人一直在思考某個問題，但你不確定他是否真的知道挑戰是什麼。
- 當你對於所面對的挑戰感到害怕、焦慮或不確定的時候。

＊需要被取代的行為是……

寫下你希望不要再做的舊習慣。請盡量具體明確。

你想要打破的舊習慣是「迷霧因子」，因此需要被取代的行為可能是：

- 你決定第一個挑戰可能就是真正的挑戰。
- 你將挑戰拉高到較高且抽象的層次，因此大家好像有點了解，或你假設他們都了解那是什麼意思。
- 面對很多挑戰時，你想要修正每一個挑戰，或覺得每個挑戰看起來一樣重要。
- 你處理的是其他人應該負責的問題，或某個人本身就是問題根源。
- 你沒有花時間聚焦在真正的挑戰，就直接切入行動方案。

＊我會……

描述你的新習慣。

我很確定你的新習慣應該是問：對你來說，這裡最大的挑戰是什麼？

延伸學習

請觀賞 https://go.mbs.works/tch-vault 的簡短影片來加深學習，協助你將這些洞察化為行動。

如何幫助團隊找到焦點（How to help your team find focus）：這裡提供許多問題以及工具，你可以藉此幫助團隊找到焦點，以便完成更多工作。

實驗室報告

當我們請研究人員琳賽尋找這個問題背後的科學證明時，她提供許多「協助聚焦」的研究。你可能記得我在前幾章曾提到貝利・舒瓦茲的「選擇的弔詭」（果醬實驗），此外還有許多研究都顯示，限制選項可以降低資訊過量以及一心多用的狀況。但「焦點問題」並不僅止於提供焦點來釋放創意、解除拖延的現象而已。

「焦點問題」會如此有效的一個原因在於「對你來說」這幾個字。一九九七年一份研究討論，在一系列複雜的數學問題中，如果數學題目的描述裡沒有「你」這個字，會產生什麼影響。研究人員發現，當題目中間有「你」這個字出現時，問題需要被重複的次數較少，而且解出答案的時間也比較短、正確性也比較高。

你可以將這樣的洞察應用在所有問題上。在問題中加入「對你來說」，可以幫助人們更快、更準確地想出答案。

第9章

少問「為什麼？」

在一九九〇年代，彼得．聖吉（Peter Senge）因為《第五項修煉》（*The Fifth Discipline*）而紅極一時，他提倡的「學習型組織」抓住全球高階主管的想像力。他引入的工具就是所謂的「五個為什麼」，這個流程是透過一個故事向後推敲，找出「一個致命且重複發生的問題」背後的根本原因。

賽門．西奈克（Simon Sinek）延續這個主題，寫了暢銷書《先問，為什麼？啟動你的感召領導力》（*Start with Why: How Great Leaders Inspire Everyone to Take Action*）（他也有一段很棒的TED演講）。西奈克認為，組織必須非常清楚存在的原因，以此作為基礎，如此才能鼓舞其他人（客戶及員工）持續與公司品牌產生連結與互動往來。

現在請各位忽略以上兩位作者。

沒錯，在組織中的確有問「為什麼」的空間。不過，這不適用在你與部屬進行的聚焦對話之中。這有兩個理由：

- **你會使他們擺出防禦的姿態。**只要語調有點不同，你的「為什麼……？」就會瞬間被解讀為「你到底在想什麼？」事情只會越來越糟。

如果不用修正某件事情，
就不需要了解其中的背景故事。

- **你試著要解決問題。**你會問「為什麼」，是因為你想要更多細節。你想要更多細節，是因為你想要解決這個問題。但突然之間，你又回到那個讓部屬過度依賴、讓自己工作過量的惡性循環。

將問題鎖定在「什麼」之類的問題，而且避免使用「為什麼」之類的問題。這也是為什麼在七大關鍵問題中，有六個都是「什麼」之類的問題。

建立你的新習慣

＊當……發生時

在我忍不住要問他們為什麼的時候……

＊需要被取代的行為是……

開始用「為什麼」類型的問題……

＊我會……

重新架構問題，變成一個「什麼」類型的問題。例如：

- 用「你希望達到什麼目標呢？」取代「你為什麼那樣做？」
- 用「你選擇採取這些行動的原因是什麼？」取代「你為什麼覺得這樣做是個好方法？」
- 用「你覺得重要的是什麼？」取代「你為什麼會想這樣做？」

第10章

讓教練式領導效果加倍的問題

前三個問題組合起來，
就是教練式領導對話中最強而有力的話術。

你會驚訝、也會非常開心看到下面這些說法通常就是該問的正確問題。

- 談話一開始時，你可以問：「**在想些什麼？**」

這是個完美的開場方式，問題是開放式的，但卻非常聚焦。

- 確認執行狀況時，你可以問：「**在想些什麼呢？**」

提供對方機會，分享其他想法或顧慮。

- 接著開始集中焦點：「**那麼，對你來說，這裡真正的挑戰是什麼？**」

對話漸漸深入，現在你的任務是找出最有用的訊息。

- 問對方：「**還有其他的嗎？對你來說，還有哪些是真正的挑戰？**」

相信我，對方一定會說出一些事，可能比你想的更多。

・再次詢問：「**還有其他的嗎？**」

現在，真正重要的議題應該大部分都攤在檯面上了。

・深入核心問題，問對方：「**那對你來說，這裡真正的挑戰是什麼？**」

一 開場問題：在想些什麼？

二 魔法問題：還有其他的嗎？

三 焦點問題：

對你來說，這裡真正的挑戰是什麼？

四 **基礎問題**

五 懶惰問題

六 策略問題

七 學習問題

第11章

基礎問題：讓對方積極參與互動

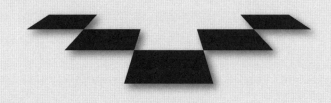

在這裡，我們要討論的是，
成年人與成年人互動的核心問題。

為自己的自由負責

彼得．布拉克（Peter Block）對工作行為有許多很棒的想法。每個想要在組織裡把事情完成的人都應該把他的書《完美的顧問》（*Flawless Consulting*）放在書架第一層！他的另一本著作《去做就是了》（*The Answer to How is Yes*）也相當值得讀一讀。我曾聽他描述自己的工作是「讓人們為自己的自由負責」。這是一個很引人注意的宣言，這句話所產生的問題跟能夠解答的問題一樣多。其中一個問題就是：「什麼是自由？」布拉克可能會這樣回應：自由就是能夠在工作上表現出自己是個成年人，同時能以成年人的方式與身旁的人互動。

最核心的基礎問題

為自己的自由負責，大家都知道這件事很困難。布拉克將成年人與成年人的關係定義為你能夠要求自己想要、而且也很清楚知道自己可能會得到「不行」的答案。這也就是為什麼本書的核心是這個簡單但有力的問題：「你想要什麼？」（What do you want?）我有時候會稱這個問題是「金魚問題」，因為這個問題通常引發的反應像金魚一樣，對方的雙眼會輕微突出、嘴巴一下張開、一下又閉起來，但就是沒有吐出半個字。這個問題之所以很難回答，有幾個原因。

我們通常不知道自己真正想要什麼。即使很快說出第一個答案，再被反問：「但你真正想要的到底是什麼？」通常就會讓人瞬間停下來。

但即使真的知道自己想要什麼，通常也很難開口要求。我們會編造理由說明為什麼不適合提出我們的要求，可能是時機不對、一定會被拒絕；或是覺得自己是很大牌嗎？怎麼提出這麼大膽的要求？結果我們通常都不會說出我們到底想要什麼。

就算你知道自己想要什麼、也有勇氣開口要求，通常也很難清楚說明，讓人真正了解。有時候，這件事的責任在你。你會設法用一些修飾過的話，隱藏真正想要的事情、或將重點轉移到其他幾個比較不重要的期望上；你也可能認為自己的提示已經夠明顯了，或假設自己迂迴的評論已經足夠。有時候，你的要求沒有被聽到是對方的責任。他們有自己在乎的議題，有自己的盤算，或他們有確認偏誤（confirmation bias），他們聽到的跟你說的完全是兩回事；或者他們假裝有在聽，其實根本沒有真的留意。

但即使你知道你想要什麼、也開口要求、看起來也有被聽到，但要聽到對方的回應還是有困難。對方的答案可能不是「好」，而是「不好」或「也許」、「那個不行，這個如何？」如果角色對調，當某個人做出要求，告訴你他想要什麼時，你可能也很難了解情況，你不一定會回答「好」。你也可以回答「不好」、「也許」或「那個不行，這個如何？」

你可以看出，有許多理由使得「你想要什麼？」這個問題永遠無法達到目的。蕭伯納（George Bernard Shaw）簡單地說出這個概念。他說：「溝通的最大問題就是有著溝通正在進行的假象。」談話雙方錯認知道對方想要什麼的情況很普遍，而這正是使許多交流失敗收場的原因。

不過這個問題也不是無解。確保事情順暢的一個方法，就是了解「想要」跟「需要」之間的差異。

錯認知道對方想要什麼的情況很普遍，
正是使許多交流失敗收場的原因。

分辨「需要」與「想要」

當我第一次拿到零用錢時，父母跟我討論儲蓄的重要性，他們告訴我「想要」與「需要」的不同。兩者的差別大概是：

想要：我想要擁有這個東西

需要：我必須擁有這個東西

理論上，這樣的差別非常合理。但在實際操作上，很難阻止讓任何事升級為「需要」，也就是說，這種差別本身會自行瓦解。馬歇爾・羅森伯格（Marshall Rosenberg）是非暴力溝通（Nonviolent Communication, NVC）創辦人，這種溝通流程協助人們交流必要的資訊，以和平的方式解決衝突與歧見。在非暴力溝通的模式中，他為需要與想要的差別做出更務實及持久的調整。

在羅森伯格的模式中，「想要」是表面需求，我們希望從某個狀況中得到的戰術性結果。「想要」可能是任何事情，從在某個特定日期前完成報告，到了解你是否需要參加某個會議等等。當我們問「你想要什麼？」的時候，對方通常會給出這一類的答案。

「需要」則是更深入一層，可以幫助你拉到布幕之後，了解更多隱藏在「想要」背後的人性驅動力。羅森伯格引用經濟學家曼弗雷德・麥克斯尼夫（Manfred Max-Neef）的研究，解釋需求普遍分為以下九種：

感情	發明	休閒
自由	個性	了解
參與	受保護	生存

當你問某個人「你想要什麼？」的時候，仔細傾聽，看你是否能猜出對方要求的背後所隱藏的需求是什麼。比方說，當對方說：「我想要你幫我跟副總裁說。」他真正需要的可能是「受保護」（我太資淺了）或「希望你參與」（我要你負起在專案中應該扮演的角色）。當某個人告訴你：「我今天想要提早下班。」她實際上可能想要尋求「了解」（家裡有急事），或是「發明」（我要

去上課）。當某個人說：「我想要你做更新版的報告。」背後的需求可能是尋求「自由」（我不想要做），或是展現「個性」（我要你知道，我才是這裡的老大），或是求「生存」（我的成功就靠你做對這件事了）。

你可以看到，辨識出對方的需求，可以讓你更清楚了解怎麼最完善地處理對方的要求。如果角色對調，當你說出想要得到什麼的時候，也試看看能否說出那個要求背後的需求是什麼。

問一個問題，交換答案

我不是優秀的法學院學生，課堂上學到的東西我幾乎都忘光了，因為一個講師控告我毀謗，結果我的學校生活也因此結束。這個故事說來話長。

但有一件事一直牢記在我腦海裡，就是法律合約的本質是「利益交換」。這個原則可以幫助你與共事對象建立更長久互惠的關係。

有時候你只需要簡單問一個問題就好。有些時候你可以分享自己對這個問題的答案來增加影響力。「你想要什麼？」是非常強大的問題。當你問對方這個問題的同時，自己也回答這個問題，這樣威力會更為強大。這會帶我們回到一開始提到的彼得・布拉克的「成年人對成年人」談話本質。當我們了解對方想要什麼的時候，我們就在一個有趣而有價值的對話之中。而這裡有部分原因可以從關於人們參與互動的神經科學研究（neuroscience of engagement）中得出。

神經科學的發展

在二十一世紀，只要在電腦上連上Google地球，就可以看到地球上已經沒有多少地方是未知的領域了。你可以造訪任何想去的國家，有些大膽的人甚至已經去過全世界一百九十五個國家了。

但在知識領域，還有很多新領域等待探索，其中一個最令人興奮的就是神經科學，也就是對腦部的研究。透過有創意的實驗以及嚴謹的技術，例如功能性磁振造影（fMRI）與腦波圖（EEG），我們開始看到領導學這門藝術背後的科學基礎。我們現在可以開始看到，在與我們想要管理與影響的人互動時，哪些做法有效、哪些無效。

我們在這裡探討的「基礎問題」是本書的核心，因此，現在正是最好時機，讓我們檢視神經科學對於人們參與互動的研究，讓你的教練式領導習慣與大腦連結起來。

一秒五次

腦神經科學家伊凡・高登（Evan Gordon）說：「腦部的基本組成原則」就是對風險與報酬的反應。你的大腦會無意識地掃描周遭的環境，每秒掃描五次，問自己：這裡安全嗎？或是有危險？

當然，大腦喜歡安全。當你的大腦感覺安全的時候，就可以在嚴謹精細的層次運作。你的思考會更細緻，更能看出模糊性，並加以管理。你會假設周遭人都抱有正面意圖，而你可以汲取集體智慧。你會參與互動、繼續前進。

當大腦偵測到危險，會做出非常不同的反應。它會轉向熟悉的「戰鬥或逃跑」反應，有些人稱這為「杏仁核挾持」（amygdala hijack）。事情變成非黑即白，你會假設其他人都在和你作對，而不是跟你站在一起。你比較不能動用你的意識腦，你很可能會逐漸倒退，甚至逃跑。

這並不是一個平衡的決策。以明顯革命性的理由來說，我們設計的情況存有偏見，假設狀況有危險，並不安全。我們可能不是對的，但在人類演化的過程中，成功的生存策略就是「寧可安全，不要遺憾」。

換句話說，如果你不確定狀況如何，你的腦袋會自動解讀成「不安全」，而且開始退縮。

你的大腦每秒會掃描周遭環境五次，
問自己：這裡安全嗎？或是有危險？

四個能使對方參與互動的要素

對各位忙碌又有野心的經理人來說，這可是個挑戰。你想要那些與你互動的人（你的團隊、老闆、客戶、供應商）都能參與互動，而不撤退。你希望團隊成員感覺到跟你共事就像得到報酬，而非承受風險。你同時也發現，你希望有安全感，這樣才可以處在最聰明的狀態，而不是「戰鬥或逃跑」的模式中。

所以，你要怎麼影響其他人與自己的腦袋，讓情況被解讀為可以得到報酬，而非承擔風險？

影響大腦解讀狀況的因素主要有四個，我們可以用四個英文字的縮寫TERA來代表。TERA這個縮寫字可以聯想到風土（terroir）這個字，這是指某個特定環境對於葡萄生產產生的影響，而這會反映在釀製的葡萄酒中。聚焦在TERA，要思考的是如何影響「驅使對方參與互動」的環境。這四個字分別是：

- T是族群（Tribe）。大腦在問：「你跟我同一國？還是跟我作對？」如果它相信你跟它站在同一邊，TERA 商數就會增加，如果你被視為敵人，TERA 商數就會下降。

- E是期望（Expectation）。大腦在思考：「我知道未來嗎？還是不知道？」如果下一步非常明確清楚，就會有安全感。如果不明確，就會覺得有危險。
- R是地位（Rank）。這是相對的，而且依靠的不只是你的正式職稱，還有對話當下的權力如何運作。「你比我重要？還是比我不重要？」這時大腦正在問這樣的問題。如果你貶低我的地位，我就會感覺比較沒有安全感。
- A是自主權（Autonomy）。丹尼爾．品克（Dan Pink）在《動機，單純的力量》（Drive）中提到這一點的重要性。「我有發言權嗎？還是沒有？」大腦會問這個問題，用來衡量你在各種狀況下的自主程度。如果你相信你可以選擇，那這個環境比較可能讓你得到獎賞，因此你會參與互動。如果你相信自己沒有太多選擇，那麼對你來說，就比較沒有安全感。

你的工作就是盡可能增加TERA商數。這對雙方都是好事。先問一般性的問題，然後具體地問「你想要什麼？」更能發揮效果。

這問題可以增加「你跟我同一國」的感覺，你不是在指派對方應該做什麼，而是協助他解決某個挑戰。這樣做的結果是，你會增加他的自主權（你假設他可以想出答案，並且鼓勵他這麼做），同時也會提高他的地位，因為你讓他有發言權，而且可以優先發言。

「你想要什麼？」這個問題強烈影響「地位」以及「自主權」這兩個因子。雖然「期望」這個因子的影響可能會有點減弱（因為相較於提出解答，提出問題會讓情況變得比較模糊），但這沒關係，你的目標是要提升整體的TERA商數，而問問題可以幫助你達到這個目的。

建立你的新習慣

*當……發生時

寫下成為你的觸發因子的某個時刻、某個人或某種感覺。

這個習慣的觸發因子可能是：

- 當你或對方覺得談話有點卡住了。
- 你可能在一堆選項中打轉，但感覺沒有一個選項正確、令人興奮或能引發對方參與互動。
- 當他或你拖延著不採取行動，而你不清楚原因的時候。
- 當你與某個人（團隊成員、老闆、客戶或供應商）的對話陷入焦慮或困難的時候。

- 談話偏離主題，沒有真正觸及到重點，而你正在苦思如何將話題拉回來。

＊需要被取代的行為是……

寫下你希望不要再做的舊習慣。請盡量具體明確。

舊習慣的陷阱是你以為你知道他們想要什麼。有時候則是他們以為自己知道想要什麼。因此，這裡要取代的習慣就是：

- 你非常確定你知道他們想要什麼，即使你還沒有真正開口問。
- 你持續推進，即使你知道漏掉了什麼。
- 你嘗試強迫推銷你的想法、意見或行動。
- 你卡在某件事情上，無法採取行動，但你不確定原因為何。

＊我會……

描述你的新習慣。

很簡單，就是問「你想要什麼？」。如果你也能告訴對方你想要什麼會更好。

延伸學習

請觀賞 https://go.mbs.works/tch-vault 的簡短影片來加深學習，協助你將這些洞察化為行動。

TERA 商數（The TERA Quotient）：看看如何將人們參與互動的神經科學研究 轉變成相關的戰術與行為，幫助你與其他人參與對話的互動中。

實驗室報告

當我要琳賽挖掘與「你想要什麼？」有關的資料時，她帶我進入心理治療的世界。我很不情願地進入那裡。「治療」在許多形式中當然是一種非常有效的介入方式，但在經理人的組織生活中，並不一定要成為領導時的必備工具。

不過，有個洞察來自所謂的解決導向療法（solution-based therapy），他們有個常問的問題，稱為「奇蹟問題」（miracle question）。這個問題有許多不同的變化，但基本是這樣的：「假設今天晚上，在你睡覺的時候，有個奇蹟發生了。

到了明天早上起床的時候，你會知道什麼事情突然變好了？」

奇蹟問題可以協助人們更勇敢地想像「更好」的模樣，想像事情有十倍的改善，而不是只有一〇％的些微改善。但我想最天才的部分在於這個問題刻意將焦點放在「結果」上，而不是先考量手段。換句話說，從心裡想要的最後結果開始，而不是（常見的）該如何進行下個步驟，來拆解會達成什麼結果，後面這種做法常會讓人覺得有挫敗感。

「你想要什麼？」這個基礎問題很直接，一點也不迂迴。但它同樣帶領人們往結果方向前進，一旦看到目的地，整個過程通常就會變得更加清晰。

第12章

學習自在地與沉默共處

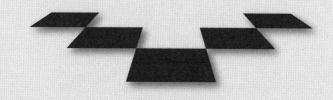

當你問某個人其中一個關鍵問題時，有時候會得到沉默的回應。空氣凝結，只有無盡的沉默。

我所謂的「無盡」有時可能長達三、四秒。

在這種時刻，所有事情都變成《駭客任務》（*Matrix*）裡的「子彈凝結瞬間」（**Bullet-Time**），你的每個部分都渴望填補這個空白。

請將這種焦慮放在一旁，沉默通常是衡量成功的指標。

你領導的對象可能需要一點時間在腦袋中思考答案，才能說出口。如果是這樣，務必要給他這樣的空間。

或者，對方像我一樣，通常會直接給答案，不知道自己會說出什麼。

不管是哪一種，都代表他在思考、搜尋答案。他在創造新的神經迴路，藉此發揮潛力與能力。

閉緊你的嘴巴，不要試著說話來填補沉默。我知道這會讓你很不自在，但我知道這會創造出學習與洞察的空間。

沉默通常是衡量成功的指標。

建立你的新習慣

＊當……發生時

在我問出問題，而對方在前兩秒沒有想好答案的時候。

＊需要被取代的行為是……

設法塞滿那段無聲的空白，例如：問另外一個問題、以不同方式再問一遍、直接提出建議或說些沒有意義的話。

＊我會……

深呼吸，保持開放的態度，繼續沉默三秒鐘。

一 開場問題：在想些什麼？

二 魔法問題：還有其他的嗎？

三 焦點問題：

對你來說，這裡真正的挑戰是什麼？

四 基礎問題：你想要什麼？

⑤ **懶惰問題**

六 策略問題

七 學習問題

第13章

懶惰問題：幫助對方思考真正的需求

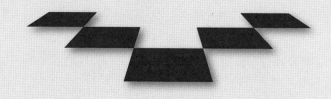

你會發現這個問題讓你的管理很有幫助，而且你花的心力也比較少。

你會發現，懶惰一點其實是件好事。

你真是……幫了大忙了！

你是個好人，總是盡可能要讓部屬成長。你想要「增加價值」，做個有用的人。你喜歡做出貢獻的感覺。不過想要幫忙有兩種，一種是真的想要幫忙，另一種則是介入事情並接手來做的「幫忙」。而很常發生的狀況就是陷入後者的窘境。然後，所有人（你、你幫忙的人、組織）都因為你想要幫忙而付出代價。你的好意最後產生一種永無止盡的循環，先是導致筋疲力盡、挫敗，接著很諷刺地造成影響力遞減。

艾狄格．夏恩（Edgar Schein）在《互相幫助》（*Helping*）解開「幫忙」的弔詭。他對這個難題提出這樣的洞察：提供協助的時候，你其實是把自己拉高一級，不管是有意還是無意，你已經拉高自己的地位、貶抑對方的地位。我知道這樣的想法看來非常不符合直覺，因為我們大多數的時候都是因為真正關心才會想要幫忙。但這樣的洞察也有道理，你可以試著轉換角色思考一下，當其他人幫助你的時候，你的感受如何。回想一下，當其他人說願意提供幫助時，你可能會發現自己的反應微妙地融合抗拒、挫敗、無能以及困擾的感覺。

這是怎麼回事？你要如何讓你的幫助發揮真正的效果？下面談到的三角形圖示會是個很好的開始。

卡普曼戲劇三角形

人際溝通分析（Transactional Analysis, TA）是一個稍微有點過時的治療模式，這個模式主要讓我們貼上「父母——小孩」以及「成人——成人」的標籤。這很吸引人，但幾乎不能運用在組織上，因為這包括太多治療術語。而史蒂芬．卡普曼（**Stephen Karpman**）為人際溝通分析做了實務詮釋，發展出戲劇三角形（**Drama Triangle**），讓人際溝通分析成為實際可用的方法。

戲劇三角形最開始的假設是，我們在與大多數人互動時，某些時候會扮演不太美好的自己。如果你發現你知道應該做出更好的表現，但還是不自主地扮演七個失常小矮人的角色（愛生氣、愛呻吟、大吼大叫、暴躁乖戾、覺得受傷害、敏感、易怒），那麼你就明白我的意思了。

卡普曼說，當這種狀況發生時，我們會在三種角色中擺盪：受害者、迫害者與拯救者。每種角色對其他人來說都同樣沒有幫助、功能失調。當你閱讀到以下各角色的描述時，請記得做兩件事：第一，思考一下，誰特別擅長扮演哪個角色。第二，請思考你最常扮演這些角色的情境是什麼。

＊受害者

- **核心信念：**我的人生太艱難了，太不公平了，我好可憐。
- **動力來源：**這不是我的錯（是他們的錯）。
- **好處：**你不需要負責修正任何事，你可以盡情抱怨，你會吸引拯救者。
- **代價：**你沒有辦法改變任何事，任何改變都在你的控制之外。其他人對你只有無能的印象，沒有人喜歡一天到晚唉聲嘆氣的人。
- **卡住點：**我覺得卡住了，因為我沒有權力也沒有影響力。我感覺自己很沒用。

＊迫害者

- **核心信念：**身邊的人都是傻瓜、白痴或不如我的人。

- **動力來源：**這不是我的錯（是你的錯）。
- **好處：**你感覺有優越感，掌握權力，而且一切都可以控制。
- **代價：**最終你會負責所有的事。你將受害者創造出來，其他人認為你就是個事必躬親的主管。其他人只會為你做到基本要求，不會再多做什麼。沒有人喜歡盛氣凌人的霸道主管。
- **卡住點：**我覺得卡住了，因為我不信任任何人。我覺得很孤單。

＊拯救者

- **核心信念：**不用爭吵、不必擔心，讓我跳進來接手，我會修復一切。
- **動力來源：**這是我的錯／責任（不是你的）。
- **好處：**你會在道德上感覺到高人一等，相信自己不可或缺。
- **代價：**人們拒絕你的幫助。你創造受害者，使戲劇三角形永久存在。沒有人喜歡愛管閒事之人。
- **卡住點：**我覺得卡住了，因為我的拯救計劃沒能奏效。我覺得負擔好重。

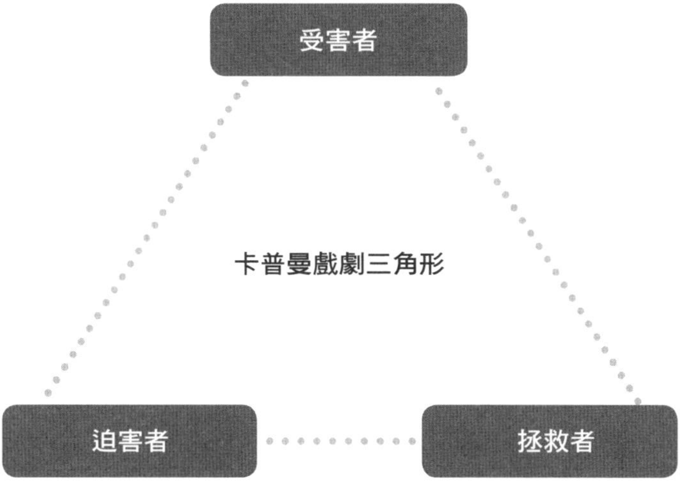

這三種標籤都不是對你的描述，而是對你在某個特定狀況下的舉止的描述。沒有人是天生的受害者、迫害者或拯救者。這些是當我們在被某種觸發因子觸動時會扮演的角色，在那種狀況下，我們會發現一個沒盡全力發揮的自己。

全世界就是一個舞台……

我們隨時都在扮演這幾種角色，我們在跟某個人的交流時，就可能在不同的角色中轉換，從受害者轉向拯救者、再到迫害者，然後再回來扮演受害者。為了強化這個概念，以下我設計了一段對話，模擬最近一次演講後與客戶的互動：

我（吼叫）：這房間的布置全都錯了！我之前不是有傳資料過來說我要什麼嗎?!按照我的要求來布置會場有那麼難嗎？還有甜甜圈！不要再給觀眾甜甜圈了。研討會十五分鐘後開始！（迫害者）

客戶（唉唉叫）：我有把你的要求跟布置會場的人說，但他們都不理我，我只好一個人準備會議大大小小的事情，就我一個人……（受害者）

我（放棄）：聽著，別擔心。我自己會重新布置，而且設定好燈光音響。我會幫每個人煎蛋。（拯救者）

客戶（挫敗）：你們這種紅牌講師就是這樣。我們已經花很多錢按照你的要求做事，然後你一不高興又說要接手過去作。（迫害者）

我（唉唉叫）：我只是要確定研討會可以順利進行，沒有人知道正確布置會場有多難，而當你試著這樣做的時候，所有人還會恨你。（受害者）

當我們開始認為有答案時，就會忘記問題是什麼。

美國作家瑪德琳・恩格爾（Madeleine L'Engle）

對話繼續下去，沒完沒了。

這些狀況發生的速度可能比上面這個例子還快。現在，請想想團隊中最麻煩的人，在我們說話的時候，他都能給你一堆難題。你有沒有注意到，你是不是一瞬間就跳到迫害者的角色（他們讓我抓狂）又到受害者（這太不公平了，為什麼不能把他們趕到別的團隊去？）再到拯救者呢？（我會繼續幫他們做工作，直到他們趕上進度。）

你的最佳角色

話雖如此，我們總是會最喜歡某一種角色，所以大部分的時候會傾向於先扮演那個角色。如果你跟我培訓的大部分經理人一樣，那麼在被問到「這三個角色中，哪個是你最常扮演的角色」時，你會選擇「拯救者」。即使這不是你內定的角色，我相信你也會認同這點。

當我們處於「拯救者」模式時，會持續跳到解決問題模式，跳進來提供建議，將其他人該負的責任攬到自己身上。我們這麼做全是出自好意。身為經理人，我們只是嘗試著要幫忙，增加一些價值。但你已經看到這麼做會讓雙方付出多少代價。你累到精疲力盡，而對方則覺得煩躁惱怒。你限制對方成長、激發潛能的機會；更氣人的是，你可能會發現：有拯救者才有受害者，儘管我們想要相信有受害者才有拯救者。（這樣想沒錯，但不是唯一正確的答案。）

你注定會失敗嗎？

對時間被壓縮的經理人來說，辨識出戲劇三角形的型態，是打破「工作過度」的強大起點。一旦了解這個觸動因子，就可以重新塑造新的習慣。

壞消息是，事實上你這輩子注定要不斷落入戲劇三角形之中。

好消息是，你會越來越善於辨識、打破這個型態，速度越來越快、頻率越來越高。

知名創作家山繆．貝克特（Samuel Beckett）說得好：「繼續失敗吧，只是下一次失敗時，試著失敗得更好一些。」

你會失敗得更好，只要你更快認出自己陷入戲劇三角形之中，並且懂得問懶惰問題：「我可以怎麼幫你？」更快地將自己拉出三角形之外。

懶惰問題強迫對方做出直接清楚的要求

「我可以怎麼幫你？」這個問題會產生雙向的效果。首先，你強迫對方做出直接而清楚的要求。這可能對他有幫助，他可能不完全清楚為什麼會跟你有這場對話。當然，他知道自己想要某些東西，但直到你問這個問題之前，他都不知道自己並不清楚要些什麼。如果他很清楚知道要些什麼會對你很有幫助，因為你就可以決定是否要特別處理他的要求。

另一方面（可能更有價值的地方），這可以阻止你認為自己知道怎麼幫助他是最好的，然後直接採取行動。這就是典型的「拯救者」行為。就像魔法問題一樣，這個問題也可以作為自我管理的工具，可以讓你保持好奇、保持懶惰。你的一天當中，有太多時間花在你認為別人想要你做的事情上。有時候你完全搞錯重點，但這不是最糟的，因為這會使問題以相對快的速度解決。比較危險的是犯下輕微錯誤的時候，此時，你會發現某種程度上你做的是別人想要的事，但還不夠有用，卻又沒有錯到會有某個人要你停下來。

坦率一點

「我可以怎麼幫助你？」有個直接了當的版本：「你想要我怎麼做？」如果前者是穿著燕尾服的〇〇七，那麼後者就是衝出惡魔巢穴的〇〇七。這個問題剝去外衣，直指這次對話的核心：你想要什麼？我想要什麼？那麼，面對你想要的跟我想要的，我們現在該怎麼做？

但說這句話時要小心語氣

你可能會猜到，「你想要我做什麼？」這句話的語氣會影響效果。套用戲劇三角形的概念，如果你處於迫害者模式，這句話可能會被解讀為有侵略性；在受害者模式則被解讀為抱怨；而在拯救者模式，則會令人喘不過氣。

要讓這個問題的語氣不這麼嗆（其他問題也一樣），一個方法就是加上

「出於好奇」這句話。這句話的作用是將問題從「可能被誤解為質問」轉移到「較禮貌的探詢」。其他可以不讓問題那麼嗆的類似問法包括：「我只是想知道……」或「請幫助我更加了解……」甚至「為了確定我的了解有沒有錯……」

問懶惰問題的疑慮

人們問「我可以怎麼幫你？」時，最大的擔憂是得到以下的回答：

- 我需要你去做那個可怕／不合理／不可能的任務。
- 我希望你去那場我想要避免的困難溝通。
- 可以請你給我所有的預算嗎？
- 既然你已經負責那麼多事，那就再多做一件吧！

這裡的關鍵是要知道，不管你得到什麼答案，你的回答都有很多選擇。當然，「好」是其中一種回應。你可以永遠都說好，但不一定都要說好，你的焦慮就來自「自己有義務要說好」。

「不，我沒辦法做到。」這是另外一個選項。有勇氣說不，就是讓你停止提供這種幫助的方法之一。

「我沒辦法做到那個……但我可以做到〔你的建議〕。」是一個不錯的折衷回答。不要只是拒絕對方，給他們一些選擇。

最後，你也可以為自己爭取一點時間，回覆：「讓我想一下。」、「我不確定，我需要先確認幾件事再回覆你。」

善用這個新習慣，避免落入「拯救者」模式

某個人開始告訴你發生什麼事的時候，要你抗拒提供建議和解決方案真的是很困難。當有人問「我該怎麼做？」或「你認為我該怎麼做？」這種直接要你提供建議的問題，想要拒絕感覺上幾乎不可能。這很誘人也危險，就像放在捕鼠器上的美味起司、捕蚊燈的迷人燈光、櫥櫃中的美味巧克力。在你還沒意識到什麼事情發生的時候，你已經給出答案了。

請記住，你本來就有提供建議的時間與空間。這裡的目標不是避免提供答案，而是要更妥善地讓其他人自己發現答案。所以你要建立下面的新習慣。

＊當……發生時

某人打電話給你／路過你的辦公室／在辦公室大吼大叫／傳一則簡訊給你，然後問你：「我應該如何（請填入最能引誘你的行為）？」

＊需要被取代的行為是……

直接給對方答案。

＊我會……

說：「這是很棒的問題。我有一些想法，我也會跟你分享。不過在我分享之前，你最先想到的是什麼？」

當對方回答後（他一定會回答）。你可以點點頭、專注在他說的話，表達你的興趣。當對方說完後，你接著說：「太棒了，那你可以做些什麼嗎？」

「你認為我應該怎麼做？」

這個問題就像是在捕鼠器上擺上美味的起司。

再點點頭、進一步表達出你覺得很有興趣。

接著說：「這些都很棒。你在這些地方還可以做其他嘗試嗎？」

接著，（一定要等到這個時候）如果你願意，可以將自己的想法提出來。

如果對話很順利，可以繼續問「還有其他的嗎？」，直到他完全想不出來為止。

建立你的新習慣

＊當……發生時

寫下成為你的觸發因子的某個時刻、某個人或某種感覺。

這裡的觸發因子是你有多麼想要幫忙。因此，可能會讓你想要幫忙的情況是：

- 當某個人說：「我該怎麼做？」或「你可不可以……？」或「關於……該怎麼做？」
- 某個人走進你的辦公室、告訴你一個狀況，而你馬上就想到一個完美的解決方案。
- 在團隊會議上發生上述狀況。
- 你心裡想著：「我自己動手做還比較快！」即使你並不確定真正該做的是什麼。

簡單來說，就是各種讓你動念「想要跳下去幫助其他人」的時刻。而這裡對你的時間、心力以及良好意圖真正的羞辱是：對方可能根本不想或不需要你提供的幫助或答案。

＊需要被取代的行為是……

寫下你希望不要再做的舊習慣。請盡量具體明確。

你要打破的舊習慣是想要跳進去幫忙或行動的模式，像是：

- 你提出解決方案、提供答案、將某件事加入待辦事項清單中。
- 你假設你知道對方的要求是什麼，即使對方並沒有明確說出來。

簡單地說，你把其他人的責任攬到自己身上。

＊我會……

描述你的新習慣。可能類似：「我會問他們：『我可以怎麼幫助你？』」

詢問對方「我可以怎麼幫助你？」來釐清事情。或者你也可以更坦率一點，問對方：「你想要我怎麼做？」

延伸學習

請觀賞 https://go.mbs.works/tch-vault 的簡短影片來加深學習，協助你將這些洞察化為行動。

如何真的幫忙別人（而不是接手事情的幫忙）（How to Be More Helpful (Rather Than "Helpful")）：在影片中，麥可解釋艾狄格．夏恩的研究結果，幫助我們了解為什麼「嘗試提供幫助」的好意常常會產生阻力，最終失敗。

戲劇三角形概述（The Drama Triangle Recap）：如果戲劇三角形引起你的共鳴，那麼這些影片會讓你學到更多，並與其他人分享這些智慧。

實驗室報告

在介紹「還有其他的嗎？」這個問題時，我們曾提到一份研究，顯示醫生打斷病人說話的平均時間是短短的十八秒。但我們的研究人員發現其他報告，發現並不是所有的醫生都不注意對話的優雅。

琳賽發現一份研究是探討，如何用不同的方法與病人開啟一段談話。有些醫生使用比較通用的探詢方式，例如：「我可以怎麼幫你嗎？」有些會使用比較確定語氣的問句，例如：「今天有鼻竇炎的問題是嗎？」用一般性問句開始，病人會花較多時間解釋他們的擔憂，並且提到出現的具體症狀，這樣才可能鎖定在真正的問題上。此外，詢問一般性問題的醫生通常會得到病人更高的評價。

科學研究告訴我們，當你問「懶惰問題」或其他比較一般的開放式問題時，不只更為有效，你也會更受尊敬。

第14章

認真傾聽，尋找答案

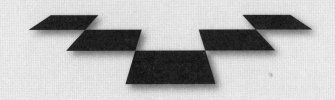

你問了關鍵問題。

接著，你進入專業級的主動傾聽模式。

點點頭，就像一個彈性十足的點頭娃娃。

發出贊同的聲音表示鼓勵。

不管如何都與對方維持眼神接觸。

然而，你的腦袋裡想的是一大堆令你分心的事。或許你正擔心接下來該問什麼問題。或許想著如何盡快結束這場對話。又或者在回憶今天是不是輪到你負責晚餐，櫥子裡的大蒜是否足夠、在回家的路上也許應該再買一點。

不管是哪一種，籠子裡的輪子還在轉，而跑在上面的倉鼠已經死了（編注：指一切都沒有辦法恢復了）。

在問了問題之後，你最可以強制自己做的事就是真誠地傾聽對方的回答。保持好奇心吧，親愛的朋友。

籠子裡的輪子還在轉，
而跑在上面的倉鼠已經死了。

建立你的新習慣

＊當……發生時

在我問了問題之後……

＊需要被取代的行為是……

做出好像在積極傾聽的樣子……

＊我會……

真的認真傾聽。當我分心時（這一定會發生），我會回神並再次積極聆聽。

一　開場問題：在想些什麼？

二　魔法問題：還有其他的嗎？

三　焦點問題：

　　對你來說，這裡真正的挑戰是什麼？

四　基礎問題：你想要什麼？

五　懶惰問題：我可以怎麼幫忙你？

⑥　**策略問題**

七　學習問題

第15章

策略問題：幫助對方找出真正要做的事

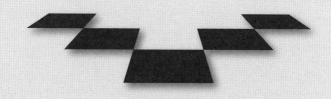

在這裡，你會深入繁重工作的核心，
發現每個好策略都必備的問題。

更多影響力、更多意義

你知道，在工作中有多少部分是讓你特別熱愛的？那些工作就是會吸引你、讓你興奮。工作不只可以產生影響、發揮影響力，工作某種程度還說明你是什麼人。坦白說，那些工作是就算辭職還希望能持續去做的事。

在工作中，還有另一個部分，就是你必須完成的工作。

在蠟筆盒公司，我們將正事（Good Work，日常必須完成的工作、就是應徵時提到的工作說明）與大事（Great Work，有更多意義、更多影響力的工作）區隔開來，會這樣分類的目的是要協助組織與團隊成員少做一點的正事、多做一點大事。

你可以想像，在你與團隊成員的工作中，如果大事的比重多了一〇％，情況會有多麼不一樣。但坦白說，誰有時間思考這件事？事實上，如果第十三章談到的懶惰問題（「我可以怎麼幫助你？」）讓你有點不自在，你可能是擔心某個人真的會給你一個答案。你處理電子郵件、會議、各種任務、運動、閱讀與家庭時間都已經忙不完了，你的產能已經滿載，怎麼可能再對其他事情說

「好」？

別再說「忙碌很好」

在此同時，在無限連結、精實組織以及全球化的混亂時代，謙卑地炫耀自己太忙了、工作太多，似乎成為一種新時尚。

「你最近如何？」他們問。

「忙啊，」你回答。「不過這樣的忙碌很好。」

我們終於漸漸清醒，忙碌並不是成功的衡量指標。蕭伯納（George Bernard Shaw）在多年前曾經說過，變革的一個準則就是：「講理的人讓自己適應這世界，不講理的人堅持試著要讓世界適應他。因此，所有的進步都仰賴不講理的人。」《一週工作四小時》（*4-Hour Workweek*）作者提摩西・費里斯（Tim Ferries）將這個概念發揚到極致，他說：「忙碌是懶惰的一種形式：懶得思考與

無差別的行動。」（這並不是第十三章提倡的那種好的懶惰）

別說「更聰明地工作，而不是更賣力地工作」

人們總會批哩啪啦地提供你很多建議。「要聰明工作、而不是更賣力工作」啦，「要更有策略性」啦。這些格言都是用「沒錯，但除非……」開場，這聽起來很好，但不可能依照這種方法行動。事實上，「策略」已經成為一個被過度使用的名詞，有時我們會把策略加在某個東西上，是因為我們希望讓它聽起來顯得更重要、更有用、思慮周密、變得更好。這不是只是一場會議，而是策略會議、策略報告、策略午餐會議，連去買想很久但負擔不起的 Jeffery West 手工鞋都是一種策略性購買哩！

這讓員工對「策略」這個概念完全冷感。凡是跟策略有關的事都是那些比員工高兩三級主管的工作，而你還使用這個被過度濫用的字眼，很可能會面對一個令人難受但可預測的現象，那就是策略計劃總是被束之高閣。

策略問題，讓對方的承諾更為具體

「如果你對這件事說『好』，那你會對哪件事說『不』？」這個問題實際上比聽起來還要複雜，但這也說明這個問題的潛力。首先，你要對方清楚他們對哪些事情說「好」，並承諾要完成。我們太常三心二意去同意某件事；更常見的情況是誤解會議裡取得的共識。（你有沒有聽過或說過：「我從來沒有說我要做那件事！」）因此，請問對方：「那釐清一下，你答應的是什麼事？」讓對方的承諾更為具體。如果你問：「你如果完全投入的話，大概會怎樣做？」這可以讓事情更清楚聚焦。

但是，如果沒有用「對哪件事情說不」來界定做事的範圍與形式，那麼「對某件事情說好」是沒有意義的。事實上，你會發現這裡說的「不」有兩種形式：一種是省去不做，一種是承諾不做。第一種是用在當你對某件事情說「好」的時候，自動被消除的選項。如果你說好要參加這個會議，那麼與這個會議同時發生的事情就自動被你說不。這種形式的「不」可以幫助你了解每一項決策的意涵。

而這裡說的第二種「不」，很可能會把對話帶到更深的層次，這裡說的「不」是現在必須說出來，使得說「好」的事可以發生。我們太容易對很多事情說「好」，然後胡亂塞進「過度承諾」的人生包包裡，一心一意盼望有魔法出現可以把一切搞定。第二種「不」就像是盞聚光燈，幫你創造出真正做到你說「好」的事所需要的空間、焦點、能量以及資源。

你可以用第四章提到的3P模式來確認涵蓋了所有層面。

＊專案面的挑戰

哪個專案是你需要放棄或延後的？

哪個會議是你不再參加的？

如果要讓你改說「好」，需要什麼資源？

＊人的挑戰

你需要管理什麼樣的期望？

你需要將自己從戲劇三角形裡的哪個角色中抽離出來？

如果沒有用「對哪件事情說不」來界定做事的範圍與形式，
那麼「對某件事情說好」是沒有意義的。

你會讓哪些關係逐漸淡去？

＊行為模式的挑戰

你需要破除的習慣有哪些？

哪些舊故事或過時的目標是需要更新的？

你覺得自己的哪些信念需要放手？

何時該說「不」？

我問我在 LinkedIn 的社群成員，他們認為什麼是說「好」與說「不」的好理由與壞理由，以下是他們提供給我的部分答案：

回答	壞理由	好理由
好	• 我會做任何事好讓你掛掉電話或離開我的辦公室。 • 我知道我不會真的這麼做。 • 我想這樣會讓其他人真的喜歡我。 • 習慣。	• 我很好奇對方的要求以及問題，而對方給了我一個好答案。 • 我很清楚我要停止做的是什麼，所以我可以開始做這件事。 • 那對我來說這是大事（Great work），可以發揮影響力，而且很有意義。 • 我的老闆清楚表明這件事沒有討價還價的空間。
不	• 我不喜歡這個人。 • 我很自在，不希望事情有任何改變。 • 攻擊就是最好的防守策略。 • 習慣。	• 我很好奇對方的要求與問題，而對方給了我好答案，因此現在我知道這並不適合。 • 我思考過做事的優先順序，而我想要維持不變。 • 我正在建立名聲，要讓自己成為有策略、思慮周密的人。

在傳統企業文化下，說「不」需要勇氣

對大部分的人來說，對以下兩種人說「不」是最容易的。第一種是親近的配偶及小孩，第二種是距離我們最遠的電話行銷人員。除此之外，要對其他人說「不」就困難多了；可惜的是，這包括我們共事的每一個人。因為大部分的企業文化都要求我們說「好」，不然至少得說「或許可以」，這使說「不」的困難度又更高了。

「簡單先生」（Mr. Simplicity）比爾・簡森（Bill Jensen）教我，說「不」的祕密就是轉移焦點，並且學著慢一點說「好」。太快承諾會讓我們惹上麻煩，因為沒有完全理解自己捲入什麼狀況，甚至不清楚為什麼會被要求這麼做。

慢一點說「好」，這代表在你承諾之前願意保持好奇心。也就是說，你要多問一些問題：

- 你為什麼會問我？

歡迎到 Great Work 播客聆聽比爾・簡森的訪談 http://www.boxofcrayons.biz/great-work-podcast

- 你還問過哪些人？
- 當你說這件事很緊急的時候，你的意思是什麼？
- 要完成這件事根據的是什麼標準？什麼時候要完成？
- 如果我無法全部做完、但可以幫忙一部分，你希望我做哪個部分？
- 你希望我放掉原來的哪些工作，把時間用來做你現在要我做的事？

願意像這樣保持好奇心，很可能會引發四種類型的反應，而其中三種會讓事情有幫助。

第一種反應，也是沒有幫助的一種，就是對方會要你停止這些惱人的問題，直接照他要求的去做就對了。依照人、企業文化與工作的急迫性而定，有時候你很清楚被期望去做這些事。

第二種反應是他對你提出的所有問題都有很好的答案。這對你有利，因為這代表這個要求經過深思熟慮，他不是因為你是個員工或是因為電子郵件收件欄第一個跳出來的是你而找上你。

第三種反應是他沒有答案，但願意為你找出答案。這也很好。最起碼可以為你爭取一點時間，而且對方很有可能不會再回來找你。

最後一種是對方可能說：「找你太麻煩了，我去找比你快回答好的人算了。」

在二〇〇二年《哈佛商業評論》（*Harvard Business Review*）的文章〈小心忙碌的經理人〉（Beware the Busy Manager）中，海克・布魯奇（Heike Bruch）以及薩曼特拉・戈沙爾（Sumantra Ghoshal）提到，只有一〇%的經理人會正確聚焦在真正重要的事情上，並花精力去做。坦白說，我認為一〇%這個數字有點高估。但你可能想得到組織內某個人可以堅守原則，停止各種耗損精力的小任務與不斷被賦予的額外責任。這個人可能不是組織裡最受歡迎的人，畢竟「需要被喜歡」這種需求會驅動戲劇三角形中的拯救者前來，回應：「好，我來做吧！」但這位同事很可能是成功、資深而且被受敬重的人。

這全是因為他知道如何比你慢一點說「好」。

當你不能說「不」時，如何說「不」

對某件事說「不」的感覺的確很尷尬，因為你其實是在拒絕某個人。這意思是我們會陷入戳破別人的希望、得罪其他人、讓人家失望等等尷尬的狀態。

簡單解決這個問題的祕密，就是第八章「不知不覺的岔題」時提到的創造「第三點」：創造一件你可以拒絕的事，而不是拒絕對方。比方說，如果你將某個人的要求寫在紙上或白板上，你可以指著它說：「恐怕我得對這一點說『不』。」這比說：「恐怕我得對你說『不』。」稍微好一點。

說「好」的時候，對著「人」說；說「不」的時候，請對著「任務」說。

慢一點說「好」，
這代表在你承諾要做之前願意保持好奇心。

另外五個策略問題

討論策略的書有很多，大部分都可以跳過。如果你要在這個主題上選一本書，我建議羅傑・馬汀（Roger Martin）及萊夫利（A.G. Lafley）的《玩成大贏家：巨擘寶鹼致勝策略大公開》（*Playing to Win*）。萊夫利在擔任寶僑家品（Procter & Gamble）執行長期間相當成功（因為做得很好，之後還回去二度擔任執行長），而馬汀是多倫多大學（University of Toronto）羅特曼管理學院（Rotman School of Mangement）前任院長，也是一位成功的作者，是深受萊夫利信任的顧問。他們將策略拆解到五個必須回答的核心問題，這些問題小到個人、團隊，大到層級複雜、全球性、營業額數十億的的組織也適用。

這些問題都不是線性的，所以回答一個問題會影響下一個問題的答案，也可能會影響前一個問題的答案。這是不斷在其中來來回回的過程，在你的答案之間創造一致性，正是這個過程的優勢所在。艾森豪（Eisenhower）曾說過：「『計劃』沒有用，但『擬定

歡迎到 Great Work 播客聆聽羅傑・馬汀的訪談 http://www.boxofcrayons.biz/great-work-podcast

計劃』的過程不可或缺。」這種說法有一點武斷，但這些問題的結果的確能強迫組織更好的擬定計劃流程。以下就是這五個問題：

- **我們成功的渴望是什麼？**將選擇設定為「成功」，自然把平庸的選項給排除。如果你想要成功，你需要知道自己參與的是什麼賽局、同伴是誰、對手是誰。你想要在世上創造什麼樣的影響？
- **這場賽局會在哪裡進行？**野心過大很少會成功。選擇一個產業、區域、產品、通路或客群，讓你可以集中資源。
- **我們會怎麼成功？**我們的產品有哪些差異可以當作防禦措施，並拉開與競爭者的距離？
- **一定要有哪些能力？**不只是需要做的事，還要能成為你的優勢，並持續下去。
- **需要怎樣的管理系統？**要衡量東西很容易，但要理出頭緒，清楚想要衡量哪些最重要的事情，就比較困難了。

這些問題的背後就是我們的策略問題：如果你對這件事說「好」，那你會對哪件事說「不」？馬汀與萊夫利這麼說：「切記，策略與成功的選擇有關，這是將五個非常明確的選擇經過協調、整合之後的組合。當你定義策略時，選擇你會做的事情，以及不會做的事。」惠普執行長梅格·惠特曼（Meg Whitman）也是這本書的擁護者，她要求每位經理人都要讀這本書。她說：「這樣的過程強迫我們進行非常嚴格的權衡取捨。」

建立你的新習慣

＊當……發生時

寫下成為你的觸發因子的某個時刻、某個人或某種感覺。

這裡的觸發因子是：

- 當你看到某個人把更多工作加入待辦清單，工作真的多到無法負荷的時候。
- 當他們畏縮不前、不做決定，卻對一切說好，設法粉飾太平的時候。
- 當工作沒有太多進展、但你卻發現專案與參與的人越來越多。

簡單來說，就是當某個人做出決定要承諾進行某件新任務的時候。

＊需要被取代的行為是⋯⋯

寫下你希望不要再做的舊習慣，請盡量具體明確。

對這個問題而言，可能跟馴服你的「建議怪獸」有關的事情。

要取代的行為就是：當你希望你跟團隊可以對抗物理定律，不斷在你的產能上增加更多任務的時候，也就是當你注意到自己落入「拯救者」模式（當你對每件事都說好，結果大家都開心的時候），或是「受害者」模式（當你覺得別無選擇只能說好的時候），而你想要從這些角色中抽離出來。

＊我會……

描述你的新習慣。

停止匆促的行動，讓工作超出負荷。問問自己：「你要對什麼說『不』，使得你原本說『好』的事情可以做得更穩當？」

延伸學習

請觀賞 https://go.mbs.works/tch-vault 的簡短影片來加深學習，協助你將這些洞察化為行動。

策略性思考規劃與執行速成指南（Rapid-Fire Strategic Thinking Planning & Doing）：如果你想要提升你的策略能力，那麼策略問題是一個很好的起點。如果你想要得到影片以外的更多資訊，我們在此分享一頁式策略規劃工具，這可以讓你的計劃有新的焦點、更為精確。

如何說不（當你不能說不的時候）（How to Say No (When You Can't Say No)）：說「不」是很微妙的，尤其如果你的組織文化是以「是」為預期答案的時候。在這支影片中，你將會發現鍛鍊「說不」肌肉的策略。

實驗室報告

丹尼爾・康納曼（Daniel Kahneman）是二〇〇二年諾貝爾經濟學獎得主，得獎的研究與判斷及決策心理有關，還有一般所知的行為經濟學。他最為人所知的是《快思慢想》（*Thinking, Fast and Slow*）這本書，書中解釋我們有兩個決策流程，一個是快而直覺式的決策流程，另外一個是慢而更理性的決策流程。「快思」的方法非常好，而且準確，除了不準的時候。接著，我們各種認知偏見會補上非常差勁的決策。「策略問題」可以協助我們避免其中至少兩種偏見。

第一種偏見是「規劃謬誤」（**planning fallacy**），用一句話來說，就是我們非常拙於理解自己做一件事到底需要花多少時間，這是因為我們高估自己的能力，以及（再補一刀）低估我們高估的程度。我們以為可以做到比自己能力更多的事，而「策略問題」幫助我們務實面對真正可行的事情。

第二個偏見是所謂的「展望理論」（**Prospect Theory**）。這個理論告訴我們，人們對於得失的衡量並不平等。比方說，「損失一百元」的糟糕感覺，會比「得到一百元」的良好感覺還要強烈。這種偏見的一個結果就是我們一旦得到某個東西，不但不希望放手，還傾向於過度高估這個東西的價值。問「策略問題」可以點亮一條明路，讓我們看清自己堅守的是什麼，以便更妥善地評估什麼值得繼續堅守、什麼需要放棄。

第16章

對答案做出回應與肯定

重點不是要評斷其他人，而是要鼓勵他們。

卡莉・蕾・傑普森（Carly Rae Jepsen）二〇一二年夏季暢銷曲〈打電話給我吧！〉（Call Me Maybe）可不是普通流行。MV（以及 MV 結局的設計）在 YouTube 上達到七億次的觀賞次數。這首歌應用「提問與應答」（call and response）這種主唱與合唱交替進行的古老音樂形式。傑普森唱「嘿！我剛遇見你」而音樂回應（小提琴響起），然後傑普森再唱「這實在太瘋狂了」，音樂又再次回應。這種型態可以回溯到更早的經典歌曲，例如穆迪・瓦特斯（Muddy Waters）的〈人小鬼大〉（Mannish Boy），這是民謠音樂以及藍調音樂的根源。

你現在已經非常清楚意識到「建議怪獸」了，也持續聚焦在問題上，而非急著要給出建議。太棒了！現在，請把「提問與應答」架構套進來，記得要肯定對方的答案，接著才問：「還有其他的嗎？」

你不需要說太多。這不是為了評斷其他人，而是要鼓勵對方，讓他們知道你真的有在傾聽，而且有聽到他們說了什麼。

我最喜歡的回覆如下：

- 太棒了。
- 我喜歡這個想法。
- 這是很好的看法。
- 很好。
- 嗯，那很棒。
- 嗯嗯。

我想你一定也有喜歡說的話。你會增加哪些話呢？

建立你的新習慣

＊當……發生時

對方針對我的問題給了我答案……

＊需要被取代的行為是……

匆忙進入下一個問題。

＊我會……

肯定他的回答，說：「嗯，那很棒！」

一　開場問題：在想些什麼？

二　魔法問題：還有其他的嗎？

三　焦點問題：
對你來說，這裡真正的挑戰是什麼？

四　基礎問題：你想要什麼？

五　懶惰問題：我可以怎麼幫忙你？

六　策略問題：
如果你對這件事說「好」，
那麼你會對什麼說「不」呢？

㈦ 學習問題

第17章

學習問題：幫助對方發覺洞見

在這裡，你會學到以「看起來像天才」的方式，
結束每次的對話。

人們如何學習

身為經理人與領導人，你要部屬完成事情。但你要的不只是這樣，你想要他們學習，這樣他們會更勝任工作、更自立自強、更成功。恰好，他們也想要這樣。

但幫助其他人學習是困難的。有時候，即使你已經用一個再明顯不過的概念（或鐘子）敲醒他們，你想強調的重點似乎就是無法進到他們的腦袋中。原因是：

你「告訴」一個人某件事時，其實並不是真正學習。

甚至他們在「做」某件事時，也不見得真正在學習。

唯有當他們有機會回想並反思已經發生的事情時，才能真正開始學習，開始創造新的神經迴路。

學習問題：幫助對方頓悟

學者克里斯・阿格利斯（Chris Argyris）在四十年以前創造「雙循環學習」（double-loop learning）這個名詞。如果第一個循環是要修復解決一個問題，第二個循環則是創造學習眼前這個議題的時刻。在第二個循環中，人們被拉回來發覺其中洞見，新的連結產生，頓悟時刻誕生。

身為經理人與領導人，你的工作是要為人們創造這種學習時刻的空間。為了做到這一點，你需要一個能夠驅動雙循環的問題。這個問題就是：「什麼對你最有幫助？」

關於學習的神經科學研究

如果你曾花時間研究學習及發展領域，你會知道這個領域最令人挫敗的一件事就是知識留存率有多麼低。大部分的人在走出企業內訓教室時，對課堂上學到的東西已經忘得差不多了；一個禮拜之後，即使講師賣力強調最關鍵的智慧以及洞察，也不過是模糊而遙遠的回音而已。你可能在教室的另外一端經歷過完全相同的過程：你有一兩天沒去上課，結果好像沒學到東西一樣，有印象的東西很少。

但我們現在知道如何讓學習經驗更加成功，這都要拜神經科學與心理學洞見之賜。神經科學領導機構（NeuroLeadership Institute）的喬西．戴維斯（Josh Davis）與同事解釋長期記憶的四個主要神經驅動力：注意力（Attention）、產生連結（Generating links）、情感（Emotion）以及空間感（Spacing）。在這裡對我們有幫助的是「產生連結」，這是「創造與分享你對新點子的連結……當我們花時間與心力來產生知識與找到答案，而非光是閱讀，記憶的留存率會提高。」

簡要來說，這就是為什麼「建議」會被高估的原因。我可以「告訴」你一件事，但那個訊息進入到大腦海馬迴（負責對回憶編碼）的機率非常有限。但是，如果我「問」你一個問題、而你自己產生答案，那麼留在記憶中的機會將會大幅提高。

身為經理人與領導人，
你的工作是要為人們創造學習時刻的空間。

學習與檢索

有個相關的洞察來自心理學，特別是在彼得・布朗（Peter Brown）、亨利・羅迪格（Henry Roediger）以及馬克・丹尼爾（Mark McDaniel）合寫的《超牢記憶法：記憶管理專家教你過腦不忘的學習力》（*Make It Stick: The Science of Successful Learning*）有精彩說明。三位傑出的心理學教授共同撰寫的這本實用書籍，總結可以協助人們學習的最佳策略與戰術。書中分享的第一個主要戰術是利用資訊檢索的影響力。書中對此有非常棒的描述：「關鍵在於打斷遺忘的過程。」遺忘會立即開始，因此在對話的最後問問題，你已經創造第一個打斷遺忘的過程，對方再也不會說：「我以前從來沒有聽過那回事。」

如果你想做得更多，可以設法讓這個問題在過程中冒出來，而非等到最後。作者說：「反思是一種形式的練習。」創造這種反思的時刻，你會發現有丹尼爾・科伊爾所謂「深度學習」（Deep Practice）的空間。你可以選擇在團隊會議或定期一對一會議的一開始，先問這個問題：「從我們上次碰面之後到現在，你學到了什麼？」我有個習慣，就是在每天結束時使用一個叫做 iDoneThis

的手機軟體做紀錄，我記錄的不是今天做了什麼，而是用一兩句概述今天學到的東西，以及我最引以為傲的事情。

「學習問題」為何名列清單之首

有幾個問題可以幫助你利用連結與取回的過程產生學習效果，像是：「你學到什麼？」、「有什麼關鍵洞察？」、「你想要記住什麼？」、「什麼是值得記住的重點？」這幾句話可以更直接幫助人們做到這一點，這些都是好問題。

但「什麼對你最有幫助？」就像羽衣甘藍這種超級食物，而其他問題相對來說只能算是結球萵苣的等級。「什麼對你最有幫助？」這個問題至少可以發揮下面六種效果。

*假設這樣的談話很有用

邱吉爾（Winston Churchill）說人「偶爾會被事實絆倒，但大多數的人會立刻爬起來並匆忙離開，好像什麼事都沒有發生一樣」。這用在與周遭人的談話上尤其真實。這裡蘊藏的智慧等著被人發現，但唯有你花些時間晃晃才可能找到。「學習問題」將剛剛發生的事立即視為有用的事，並且創造一個時刻來思考。

＊要求人們找出最有幫助的事情

當你提供回饋的時候，提供得少一點比提供多一點來得好。如果你列出十二件有待改善的事情，每個人都會覺得抓狂。比較有效的方法是找出值得記住的一件大事。

這個問題通常會讓人聚焦在談話裡一、兩個關鍵重點。

＊讓事情變得跟切身相關

在問題裡加上「對你來說」，可以讓問題從抽象問題變成個人問題、從客觀問題變成主觀問題。現在，你在幫助他們創造新的神經迴路。

當然，比較好的方式是讓對方告訴自己哪些是有用的，而不是由你告訴他們，你認為哪些最有用。

我們活在由我們的問題創造的世界。

組織行為學教授大衛・庫柏里德（David Cooperrider）

＊可以得到回饋

留意你聽到的答案，因為這些答案不光是對對方有用，對你也一樣。這會讓你知道下次哪些部分該多做一些。此外，這個問題也可以消除你的疑慮（如果你需要消除疑慮的話），這會讓你知道，即使沒有提供建議，只是問問題，你還是提供很大的幫助。

＊這是種學習，而非評斷

你會注意到自己不是在問：「這有用嗎？」這類問題只會得到是或否的答案，這樣並不能真正激發洞察力，只是引發對方做出判斷。「什麼對你最有幫助？」強迫人們從對話中提煉出真正有價值的東西。

＊這提醒對方，你對他們來說很有幫助

在進行年度績效評估時，員工瞪著問卷，滑鼠游標在「對上級回饋」那裡移來移去。上面問：「我的經理人對我有幫助嗎？」回想過去這一年，他突然想起每次跟你的對話都證明是有幫助的。馬上給你最高分！

快速開始，並以最有效的方式結束

問了這個問題之後，你終於完成教練式領導的整個過程。

你從「開場問題」開始：你在想些什麼？

這讓你們很快進入到真正重要的對話內容，而非一直在閒聊，或在過於分散的資料上不停地轉呀轉。

當你完成這場對話，在所有人衝向門口時，你問出這個「學習問題」：關於這場對話，什麼對你最有幫助？

回答這個問題會提煉出有幫助的部分，分享智慧、牢記學習成果。如果你想要更進一步讓對話更加豐富，同時建立更緊密的關係，請告訴對方，你認為這場溝通最有幫助的是哪一部分。這種平等的資訊交換能使雙方的社會契約（social contract）更加強化。

建立你的新習慣

＊當……發生時

寫下成為你的觸發因子的某個時刻、某個人或某種感覺。

這個問題是教練式領導過程的終點，因此觸發時刻應該是在意見交流結束的時候（不管是一對一的交談或遠距交談）。跟團隊成員、同事、主管，在團隊會議上、演講之後，與客戶、潛在客戶溝通的時候等等。如果你內心想著：「太好了，終於結束了！」就是這個時刻了。

＊需要被取代的行為是……

寫下你希望不要再做的舊習慣，請盡量具體明確。

在莎士比亞的《冬天的故事》（The Winter's Tale）中，最有名的舞台提示是：「被熊驅逐退場（Exit, pursued by a bear）。」多數的對話最後多半都是這樣結尾的。如果沒有問「學習問題」，而是做出總結、你告訴對方他們有多棒、檢視行動清單，或掛念著因為這場會議超時而使你遲到的下一個會議……這些都是無法捕捉到「頓悟時刻」、未能提煉出價值的舊習慣。

＊我會……

描述你的新習慣。

你知道這個問題的答案是什麼。

- 「那麼，對你來說，最有幫助的是哪個部分？」
- 「關於這次的談話，你覺得哪個部分最有價值？」
- 「這次溝通裡最棒的部分是什麼？」

還可以使用其他類似的問句。這些問題的目的都是讓對方清晰表達出會議中有價值的部分，以及他學到什麼。

延伸學習

請觀賞 https://go.mbs.works/tch-vault 的簡短影片來加深學習，協助你將這些洞察化為行動。

牢記好習慣（How to Make Your Training Sticky）：這支影片介紹一些策略，可以協助參與的成員記住交談中正向的部分，讓每一次的互動更有幫助。

實驗室報告

我在前面已經分享一些改善知識檢索的科學。因此我要琳賽找些新的有趣資訊，來探索「學習問題」為何能發揮這麼大的效果。結果，她帶我到了一個意料之外的領域：大腸鏡。

這個研究基礎源自於丹尼爾・康納曼（Daniel Kahneman）的另外一項研究「峰終定律」（Peak-End Rule）：我們評估經驗的方法不成比例地被經驗的高峰

值（或谷底值）以及結束的時刻而影響。在最高潮時結束，可以讓之前的事情看來更好。

已經有許多人使用不同的方式驗證這個理論，但是最「深入」的方法算是透過大腸鏡。在這份研究中，有些病人接受傳統的大腸鏡檢查，而其他則接受修改後的檢查流程。結果發現：檢查時間多了一分鐘、但在結束那一刻感覺比較不疼痛的這組人，記得的疼痛程度要比全體低了一〇％，他們把這次的檢查評為「沒有那麼不愉快」（與其他幾個不愉快的經驗相比）的比例也高出一〇％，願意再回來接受後續檢查的機率也同樣多了一〇％。

「對你來說，什麼對你最有幫助？」這句話正是正面而強大的結束對話方法。你不只協助人們回顧、將談話所學到的內容深植在心中，同時也將這場對話結束在「這有幫助」的印象上面，人們會記得這場對話是很好的經驗。

第18章

善用所有管道來問問題

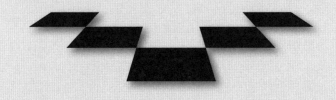

本書已接近尾聲，因此我想你已經知道這本書大致在談些什麼。你要改變與其他人對話的方式，包括你的部屬、你要影響的人、跟你有互動交流的人。你會保持好奇心，馴服心中的「建議怪獸」，幫助人們快速地釐清他們的思路，同時適時適量地分享你的建議與智慧。

不過，我們有越來越多的時間花在盯著螢幕、敲打鍵盤，發送電子郵件、即時訊息、簡訊、Slack 訊息、Twitter、Facebook 動態更新以及其他（你可以自行填上其他三百二十九種電子通訊軟體中，你最常使用的軟體名稱）。

本書提到的七大關鍵問題在這些溝通管道中的效果，跟面對面時一樣好。

這代表的意義可能對你來說有點激進。當你收到一封雜亂無序的長篇電子郵件時，你已經準備好了。不論過去的你會是嘆氣或是捲起袖子準備開始打一大篇充滿建議的回覆，現在，你可以應用其中一個關鍵問題來更快聚焦，並且花更少時間埋首在收件匣之中。

不管是打字還是當面說出來，
這些問題的效果都一樣好。

建立你的新習慣

＊當……發生時

在收到一封會使我想要馬上提供建議的電子郵件時……

＊需要被取代的行為是……

寫一封內含冗長詳盡答案的信，內容充滿各種可能的解決問題、方法、想法、甚至簡單的答案，並逐一給予評價。

＊我會……

決定最合適的關鍵問題，用電子郵件詢問。問題可能類似這樣：

- 「哇，你提到的事情可真多。那對你來說，你認為這裡真正的挑戰是什麼呢？」
- 「我仔細看過你的郵件了，可否請你用簡單的一兩句話告訴我你想要什麼？」

- 「在我回覆較長的信之前，我先問你一個問題：對你來說，這裡真正的挑戰是什麼？」

結論

多一點好奇心

現代魯賓遜？

我在澳洲念大學時，還不能完全接受當個「城市人」宿命。

我現在知道我屬於城市，我有著打字員的柔軟雙手，沒有一絲DIY或生存者的基因。

但那時候，我以為自己或許還有可能演化到像《神鬼認證》男主角傑森·包恩（Jason Bourne）一樣只有一%的脂肪，靠三根樹枝和一堆葉子就可以在戶外生存三個禮拜。

懷抱著這樣的精神，我計劃來個三天的山林之旅。我曾經健行過，因此對於這個提議並不是完全不了解，十年前我還得過童子軍的繩結徽章，爬個山會有多難呢？

不可承受之重

磅秤說我的背包有十八公斤，但我的背感覺應該更重。我知道有九〇%

的重量是急救用品。我很怕受傷，因此準備各式各樣的醫療用品來因應意外狀況，從蛇咬到閃電雷擊都考慮到了。

我從家裡出發，開了三小時的車之後，抵達要開始步行的步道起點。我覺得一切都不錯，天氣宜人，而且據說還會持續下去，停車場只有一些車，因此我不是單獨一個人。做了研究之後，我知道這不是一個很困難的步道，只是三天的旅程，一切都靠自己而已。

步道一開始很清楚，路面寬廣，但很快就開始變窄。二十分鐘之後，路幾乎消失了。我只能睜大雙眼，在跟膝蓋一樣高的草叢間找出前進的路，之前走過的人不規律地綁了一些繩結當作標示。接著也看不到繩結了。

坦白說，我有些困惑。根據地圖顯示，這條路大而明顯，直接通往山上啊！很明顯的，地圖錯了。眼前的路並沒有往上，一直維持在相同的高度，而且它根本稱不上是一條路，因為幾乎無法辨識。

喔噢，我迷路了。

往前還是向後？

從這裡有兩條前進的路。嗯，其中一條根本沒有往前。它是沿著我來時的路往後撤退。身為男子漢的我，當然不能接受這個選項。

另外一條路大膽、勇敢而直接（有點像我）通向山的那一邊。如果要這麼做，我就不可避免地需要穿過這個路徑，並且再次回到路徑上。

我對那次爬山的記憶不多，只是一些片段。我在瀑布旁布滿青苔的大圓石上冒險取得平衡。整個人撲倒在地匍匐前進，把包包背在胸前，試著穿越幾乎無法穿越的鐵樹叢。回程也用同樣的方式，將包包背在後面。心裡充滿著各種不祥的預感、感覺就快要抓狂了，而且感覺很孤單。

最後，我終於找到路了，它的確如地圖標示的一般又寬闊又明顯。而我則是滿身刮傷、淤青，筋疲力盡。我離開車子不過七小時，卻覺得已經山窮水盡。我決定要打開帳棚過夜。當然，這時搭帳棚有點早，但我需要休息一下。

我升了營火，煮了一杯茶之後，發現有個健行的人從停車場方向走了過來。他看來神采奕奕，我真心為他喝采歡呼。我不太想談當天的經歷，所以立即轉移談話的焦點，問他到目前為止進行得如何。

他告訴我，還很難說。他才剛開始走十五分鐘而已。

這跟教練式領導習慣有什麼關係？

我曾經是個經理人，也曾經是一般的員工。我輔導過許多經理人、訓練他們更像教練。在我的經驗中，有很多經理人與部屬間的對話都非常類似這次的健行悲劇：

- 太多包袱。
- 太多確定性，以為自己知道目的地在哪，也自以為知道如何通往目的地。
- 太快離題。
- 花太多時間想要回到原來的道路。
- 最後筋疲力盡，比原先希望的進度還要緩慢。

如果這樣的描述也適用在你身上，那麼你非常適合建立教練式領導習慣。在這本書中列出的問題都是我發現最有影響力的問題，我也相信，如果你可以將這些關鍵問題變成你的管理技能與每日對話的一部分，你就不用那麼賣力工作，同時又能創造更大的影響力；而你的部屬、主管、你的職業生涯，以及工作以外的人生都會因此有所收穫。

但在這裡，真正的祕訣是習慣抱持好奇心。最能帶來最強而有力改變的行為非常簡單，就是少一點的建議、多一點的好奇心。找到自己的問題，找到自己的心聲。最重要的是，建立自己的教練式領導習慣。

超棒的資訊寶庫

「最棒的一個問題」影片

你知道我最喜歡的七個問題，但還有其他很棒的問題，也有人非常精通那些問題。

我們請教許多企業領導人、高階主管教練、聰明的作者以及犀利的思想領袖，請他們分享「最棒的一個問題」，並透過影片與我們分享。

提供私房「問題」的人包括暢銷書作者以及思想領袖，例如 Bev Kaye、Pam Slim、Michael Port、Jim Kouzes、Les McKeown、Lisa Bedell、Warren Berger 以及 Teresa Amabile。此外還有 UBS、TELUS、玩具反斗城、BBDO、Adobe、IHG、以及 T-Mobile 的資深主管提供他們的真知灼見。

你可以在以下網址看到所有影片：

http://www.boxofcrayons.biz/category/best-question/

我的精選管理書籍清單

如果你像我一樣，喜歡精心調製混合的雞尾酒，請寫電子郵件給我（cocktail@boxofcrayons.biz）。如果你想要得到薰衣草瑪格麗特的絕妙配方，你會懂得酒吧最上層的架子上放的都是「最棒的東西」。

我每年閱讀超過一百本的企管書籍，而且已經執行多年了。我的書架空間有限，這代表如果我想要保留一本書，就必須要送走一本書。這是殘酷的適者生存競賽，不過也代表我非常推薦這些書，因為我認為它們最能幫助你展現最佳績效、過好生活以及做更多能有更多影響力、有意義、創造出與眾不同成效工作的大事。以下就是我的推薦清單。

你也可以在 https://boxofcrayons.com/the-coaching-habit-book/bookshelf/ 看到並訂購這些書，那裡也有我針對幾本我最愛的書所做的書評影片。

*自我管理類

- 如果你只讀一本與激勵有關的書，要激勵自己和其他人，你可以讀：

《動機，單純的力量：把工作做得像投入嗜好一樣有最單純的動機，才有最棒的表現》（*Drive*）——丹尼爾・品克（Dan Pink）

- 如果你只讀一本建立新習慣有關的書，你可以讀：

《為什麼我們這樣生活，那樣工作？》（*The Power of Habit*）——查爾斯・杜希格（Charles Duhigg）

- 如果你只讀一本利用神經科學進行個人改變有關的書，你可以讀：

《第七感：自我蛻變的新科學》（*Mindsight*）——丹尼爾・席格（Dan Siegel）

- 如果你只讀一本與深度個人改變有關的書，你可以讀：

《變革抗拒：哈佛組織心理學家教你不靠意志力，啟動變革開關》（*Immunity to Change*）——麗莎・拉赫（Lisa Lahey）與鮑伯・凱根（Bob Kegan）

- 如果你只讀一本與韌性有關的書，你可以讀：

《低谷：贏家與輸家之間的距離》（*The Dip*）——賽斯・高汀

歡迎到 Great Work 播客聆聽丹尼爾・品克、查爾斯・杜希格、丹尼爾・席格與賽斯・高汀的訪談 http://www.boxofcrayons.biz/great-work-podcast

（Seth Godin）

＊組織變革類

・如果你只讀一本與組織變革如何真正達到效果有關的書，你可以讀：

《改變，好容易》（*Switch*）奇普・希思與丹・希思（Chip and Dan Heath）

・如果你可以讀兩本書，了解變革是一個複雜系統，你可以讀：

《重塑組織》（*Reinventing Organizations*）——弗雷德里克・萊盧（Frederic Laloux）

《扁平化軍隊》（*Flat Army*）——丹・龐佛瑞（Dan Pontefract）

・如果你只讀一本與使用架構來改變行為有關的書，你可以讀：

《清單革命：不犯錯的祕密武器》（*The Checklist Manifesto*）——葛文德（Atul Gawande）

歡迎到 Great Work 播客聆聽弗雷德里克・萊盧、丹・龐佛瑞、傑瑞・史登寧的訪談
http://www.boxofcrayons.biz/great-work-podcast

- 如果你想讀一本與增強好行為有關的書，你可以讀：

《正向偏差的威力》（*The Power of Positive Deviance*）——理查・巴斯卡（Richard Pascale）、傑瑞・史登寧（Jerry Sternin）與莫妮克・史登寧（Monique Sternin）

- 如果你只讀一本與在組織內增加影響力有關的書，你可以讀：

《完美的顧問》（*Flawless Consulting*）——彼得・布拉克（Peter Block）

＊其他優秀著作推薦

- 如果你只讀一本與策略有關的書，你可以讀：

《玩成大贏家：巨擘寶鹼致勝策略大公開》（*Playing to Win*）——羅傑・馬汀（Roger Martin）與萊夫利（A.G. Lafley）

- 如果你只讀一本與提升影響力有關的書，你可以讀：

《卓越，可以擴散：做對七件事，讓人才變將才》（*Scaling Up Excellence*）——鮑伯・蘇頓（Bob Sutton）與賀吉・拉奧（Huggy Rao）

- 如果你只讀一本與如何更能幫助人有關的書，你可以讀：

《互相幫助》（*Helping*）——艾狄格・夏恩（Edgar Schein）

- 如果你可以讀兩本與問出最好問題有關的書，你可以讀：

《大哉問時代：未來最需要的人才，得會問問題，而不是準備答案》（*A More Beautiful Question*）——華倫・伯格（Warren Berger）

《問出好問題》（*Making Questions Work*）——桃樂絲・史坦琴（Dorothy Strachan）

- 如果你只讀一本與創造持久學習效果有關的書，你可以讀：

《超牢記憶法：記憶管理專家教你過腦不忘的學習力》（*Make It Stick*）——彼得・布朗（Peter Brown）、亨利・羅迪格（Henry Roediger）與麥克・丹尼爾（Mark McDaniel）

- 如果你只讀一本與為什麼應該時時欣賞萬事萬物有關的書，你可以讀：

《萬物簡史》（*A Short History of Nearly Everything*）——比爾・布萊森（Bill Bryson）

- 如果你只讀一本與增加影響力、同時拯救生命有關的書，你

歡迎到 Great Work 播客聆聽羅傑・馬汀、鮑伯・蘇頓與華倫・伯格的訪談 http://www.boxofcrayons.biz/great-work-podcast

如果沒有笨問題，那笨蛋會問什麼樣的問題？
難道他們在問問題時會突然變聰明嗎？

——呆伯特漫畫作者史考特・亞當斯（Scott Adams）

可以讀：

《終止瘧疾》（*End Malaria*）（本書所有稿費將捐贈給 Malaria No More 協會，截至目前已捐增約四十萬美元）——麥可・邦吉・史戴尼爾（Michael Bungay Stanier ed）

實驗室報告的資料來源

如果你想更深入了解書中各個問題背後的科學，以下是琳賽的研究資料來源：

*「在想些什麼？」的資料來源

Weaver, S.M., and C.M. Arrington. "What's on Your Mind: The Influence of the Contents of Working Memory on Choice." *Quarterly Journal of Experimental Psychology* 63, 4 (2010): 726–37.

＊「還有其他的嗎？」的資料來源

Evans, Angela D., and Kang Lee. "Emergence of Lying in Very Young Children." *Developmental Psychology* 49, 10 (2013): 1958–63.

Gilson, Cindy M., C.A. Little, A.N. Ruegg, and M. Bruce-Davis. "An Investigation of Elementary Teachers' Use of Follow-Up Questions for Students at Different Reading Levels." *Journal of Advanced Academics* 25, 2 (2014): 101–28.

Lowe, M.L., and C.C. Crawford. "First Impression versus Second Thought in True-False Tests." *Journal of Educational Psychology* 20, 3 (1929): 192–95.

＊「對你來說，這裡真正的挑戰是什麼？」的資料來源

d'Ailly, H.H., J. Simpson, and G.E. MacKinnon. "Where Should 'You' Go in a Math Compare Problem?" *Journal of Educational Psychology* 89, 3 (1997): 562–67.

＊「你想要什麼？」的資料來源

Weatherall, A., and M. Gibson. "'I'm Going to Ask You a Very Strange Question': A

Conversation Analytic Case Study of the Miracle Technique in Solution-Based Therapy." *Qualitative Research in Psychology* 12, 2 (2015): 162–81.

*「我可以怎麼幫助你？」的資料來源

Heritage, J., and J.D. Robinson. "The Structure of Patients' Presenting Concerns: Physicians' Opening Questions." *Health Communication* 19, 2 (2006): 89–102.

Robinson, J.D., and J. Heritage. "Physicians' Opening Questions and Patients' Satisfaction." *Patient Education and Counseling* 60, 3 (2006): 279–85.

*「你會對什麼說『不』？」的資料來源

Kahneman, D., and A. Tversky. "On the Psychology of Prediction." *Psychological Review* 80, 4 (1973): 237–51.

Kahneman, D., and A. Tversky. "Prospect Theory: An Analysis of Decision under Risk." In P.K. Moser, ed., *Rationality in Action: Contemporary Approaches*, 140–70. New York: Cambridge University Press, 1990.

＊「對你來說，什麼對你最有幫助？」的資料來源

Redelmeier, Donald A., Joel Katz, and Daniel Kahneman. “Memories of Colonoscopy: A Randomized Trial.” *Pain* 104 (2003): 187–94.

致謝

撰寫致謝詞時常伴隨著焦慮。這讓人突然發現兩件事：第一，有多少人的幫助，你才能跨過出書的終點線；第二，你的記憶有多不可靠。我知道可能會漏掉某個不應該被遺忘的人，如果那是你，請多包涵！

我花了超過四年的時間才完成這本書，之前我寫過三種版本，但都覺得不夠好。一點都不好。因此，這本書會如此實用與優雅都要歸功於一大群才華洋溢、熱情奔放的人們給我的鼓勵與熱忱。

閱讀前幾版「不怎麼樣」內容的讀者包括了 Jill Murphy、Kate Lye、Jen Louden、Pam Slim、Michael Leckie、Karen Wright、Eric Klein、Molly Gordon、Mark Silver、Venita Indewey 和 Gus Stanier，他們鼓勵我繼續努力，引領我脫離平庸。Workman 的 Suzie Bolotin 及 Bruce Tracy 說先前的版本不好，證明了她們的睿智。

Lindsay Miller 和 Elizabeth Woodworth 用大量具有洞見的研究來讓我的作品更有依據、更有說服力。

我擁有超棒的編輯與設計團隊。Oliver Editorial Services 的 Catherine Oliver 制止我使用太多的刪節號，還有用大寫字母強調重點，以及其他很多事。我的原稿經過經過他三次的編輯，從大方向的改變到諸多細節的調整（也謝謝 Seth 幫忙聯繫）。

Judy Phillips 眼光銳利地協助校稿，我的出版顧問公司 Page Two 的 Jesse Finkelstein 以及 Megan Jones 幫助我們，以熟練的專業人士角色幫助我們完成自費出版。還有 Peter Cocking 將本書英文原版設計得很優雅，讓我不僅喜愛這本書的內容，也喜愛它的包裝與觸感。我的同事 Mark Bowden 幫我想出副標題，讓本書更臻完美。

蠟筆盒公司有一群超級棒的團隊，我們真是太幸運了，能有這樣的團隊幫我們在宇宙裡留下一點足跡，謝謝 Charlotte Riley、Denise Aday、Ana Garza-Robillard、Peter Hatch、Sonia Gaballa、Sylvana La Selva、Ernest Oriente、Rona Birenbaum、Warren McCann、Frank Merran。另外要特別感謝 Poplogik 的 Robert

Kabwe 協助書籍設計，以及 Stan McGee 協助規劃及執行本書上市的行銷活動。

蠟筆盒公司專長於協助忙碌的經理人，以十分鐘或更短的時間進行教練式領導。這項服務是由一群非常棒的講師來執行的。謝謝現在的講師團隊 Lea Belair、Helene Bellerose、Jamie Broughton、Tina Dias、Jonathan Hill、Leanne Lewis 以及 Susan Lynne。你可以在我們的網站（BoxOfCrayons.com）上找到關於這些講師的更多介紹。

有人說，在每個成功男性的背後，一定有位驚人的女性。這裡的神奇女超人就是 Everything Else 的副總裁 Marcella Bungay Stanier，以及主管 ICU（Internal Crayons Unit）的 Marlene Eldemire 兩位。感謝你們對我的支持、愛與鼓勵。

高寶書版集團
gobooks.com.tw

RI 369
你是來帶人，不是幫部屬做事【暢銷紀念版】
少給建議，問對問題，運用教練式領導打造高績效團隊
The Coaching Habit: Say Less, Ask More & Change the Way You Lead Forever

作　　者　麥可・邦吉・史戴尼爾（Michael Bungay Stanier）
譯　　者　林宜萱
責任編輯　彭子源、陳柔含
封面設計　林政嘉
排　　版　賴姵均
企　　劃　何嘉雯

發 行 人　朱凱蕾
出　　版　英屬維京群島商高寶國際有限公司台灣分公司
　　　　　Global Group Holdings, Ltd.
地　　址　台北市內湖區洲子街 88 號 3 樓
網　　址　gobooks.com.tw
電　　話　（02）27992788
電　　郵　readers@gobooks.com.tw（讀者服務部）
傳　　真　出版部（02）27990909　行銷部（02）27993088
郵政劃撥　19394552
戶　　名　英屬維京群島商高寶國際有限公司台灣分公司
發　　行　希代多媒體書版股份有限公司 /Printed in Taiwan
初版日期　2017 年 08 月
二版日期　2022 年 12 月

國家圖書館出版品預行編目（CIP）資料

你是來帶人，不是幫部屬做事【暢銷紀念版】/ 麥可．邦吉．史戴尼爾 (Michael Bungay Stanier) 著；林宜萱譯. -- 二版. -- 臺北市：英屬維京群島商高寶國際有限公司臺灣分公司，2022.12
面；　公分.--（致富館；RI 369）

譯自：The Coaching Habit: Say Less, Ask More & Change the Way You Lead Forever

ISBN 978-986-506-582-9（平裝）

1.CST: 企業領導　2.CST: 組織管理

494.2　　111017923